생각을 깨우는 수학

생각을 깨우는 수학

펴낸날 2021년 7월 30일 1판 1쇄

지은이 장허
옮긴이 김지혜
감수 신재호
펴낸이 김영선
책임교정 이교숙
교정·교열 양다은
경영지원 최은정
디자인 박유진·현애정
마케팅 신용천

펴낸곳 (주)다빈치하우스-미디어숲
주소 경기도 고양시 일산서구 고양대로632번길 60, 207호
전화 (02) 323-7234
팩스 (02) 323-0253
홈페이지 www.mfbook.co.kr
이메일 dhhard@naver.com (원고투고)
출판등록번호 제 2-2767호

값 18,800원
ISBN 979-11-5874-125-9

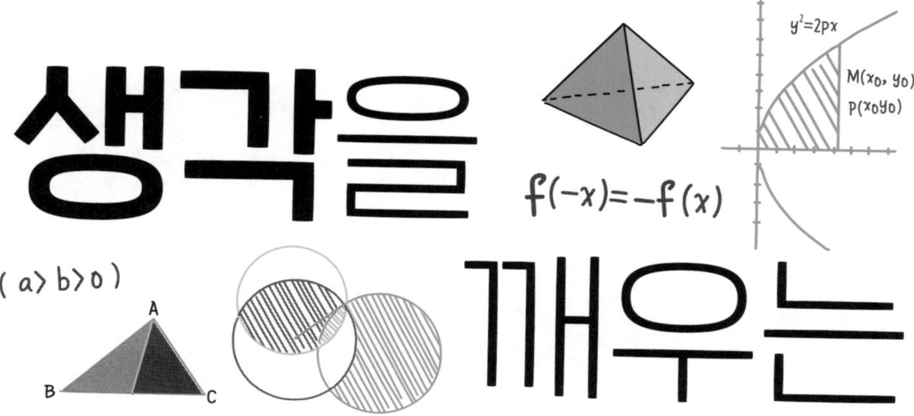

수학을 잘하고 싶다면 먼저 생각을 움직여라

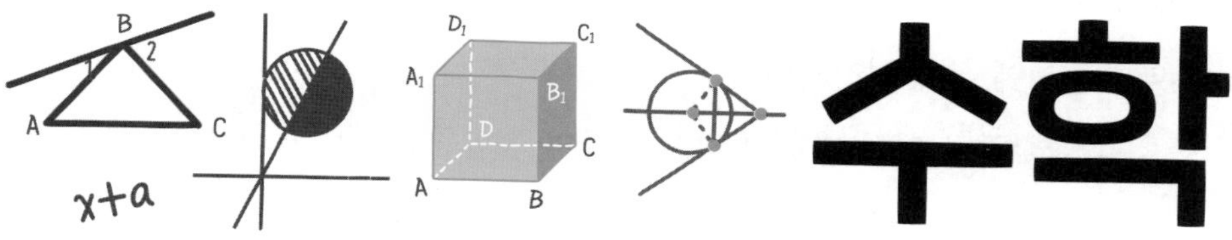

생각을 깨우는 수학

장허 지음 김지혜 옮김 신재호 감수

미디어숲

-

프롤로그

어떻게 하면 수학을 잘할까요?

2009년, 중국의 벼 종자 개량의 아버지라 불리는 위안룽핑(袁隆平, 1930~)이 모교를 방문하여 지난날 자신이 어떻게 수학을 공부했는지에 관해 이야기했다.

그는 수학 성적이 별로 좋지 않았다며 농담처럼 이야기를 시작했다. 그가 중학생일 때 '정수의 연산'을 공부한 적이 있다. 수학 선생님이 '마이너스 곱하기 마이너스는 플러스이다'를 가르쳐주셨는데, 그 뜻이 무엇을 의미하는지 전혀 이해하지 못했다고 한다.

'플러스에 플러스를 곱한 결과는 플러스인 것이 자연스러운데, 왜 마이너스끼리 곱해도 결과가 플러스가 되는 걸까?'

그는 한참을 고심한 끝에 수학 선생님에게 질문을 했다. 그러나 선생님은 명쾌한 설명을 해주지 못했고 그에게는 결과만 기억하면 된다고 강조하였다.

위안룽핑은 그때부터 수학에 별로 관심이 없었고 성적도 좋지 않았다며 웃으며 말했다.

1. 문제를 독립적으로 사고하는 습관을 길러라

위안룽핑은 어렸을 때부터 스스로 생각하는 것을 즐긴 사람으로 알려져 있다. 위 스토리는 수학을 공부할 때 무턱대고 결론만 외우는 것은 지적인 욕구를 채우지 못하고 수박 겉핥기에 그칠 수 있음을 말해준다. 수학 지식 이면에 숨겨진 원리를 쫓아가는 것이 바로 우리가 수학을 즐기는 동력이 되기 때문이다.

'마이너스×마이너스=플러스'를 어떻게 이해하면 좋을까?

베이징항공항천대학의 리상즈 교수는 이런 설명을 덧붙인다. “한 사람이 당신 앞에 서 있다. 만약 당신과 마주 보고 있으면 플러스, 반대로 돌아서면 마이너스이다. (당신 앞에 서 있는 사람이) 당신과 마주할 때부터 시작하여 두 번 연속으로 돌면 다시 당신과 마주하게 된다.” 이런 식의 비유를 통해서도 '마이너스×마이너스=플러스'를 분명하게 이해할 수 있다.

그 당시에 위안룽핑이 이런 설명을 들었다면 수학을 좋아했을 수도 있고 수학 분야에서 성과를 낸 과학자가 되었을지도 모르겠다.

2. 수학 공부의 가치를 찾아라

수학 공부를 왜 할까? 수학 공부를 한다는 것의 의미는 무엇일까? 질문은 간단해 보이지만 이에 대해 분명하게 말할 수 있는 사람은 많지 않을 것이다.

2015년 여름방학 때, 나는 난징에서 교육부 주관 학술회의에 참가하였다. 이 회의에는 대학교수는 물론이고 중고등학교 교사, 연구원, 학부모 등이 모여 8학년(중학교) 수학의 교수법에 대해 심도 있는 논의와 문제의 평가까지 다루었다.

분임토론에서 어느 학부모대표의 발언이 내 관심을 끌었다. "학창시절 수학 성적이 좋았습니다만, 직장에서는 거의 쓸모가 없어요. 무슨 이유로 이렇게나 많은 수학을 공부해야 하나요?"

그 말을 들은 후 나는 되물었다. "혹시 직업이 어떻게 되는지, 어째서 직장에서 수학이 쓸모가 없다는 말씀이신지요?" 학부모 대표의 직업은 법관으로, 일하면서 중고등학교 때의 수학 지식을 쓸 일은 없다고 했다.

나는 웃으며 대답하였다. "중학교 때 배운 삼각형의 내각의 크기 합, 피타고라스 정리 등이 직접적으로 쓰일 일은 없겠네요. 또한 평면기하의 수많은 증명들도 모두 잊어버렸겠죠? 하지만 대표님은 법관이 되었고, 분명한 것은 논리적 사고력을 가지고 있다는 점입니다. 그렇다면 그 '논리력'은 어디서 온 것일까요? 그건 바로 수학 공부로 얻게 된 좋은 결과가 아닌가요?" 그녀는 나의 발언을 듣고는 조용히 자리에 앉았다.

수학은 우리가 깨닫지 못하는 사이에 우리를 변화시킨다. 한 번은 어느 고등학교 신입생을 대상으로 수학 공부법에 대한 강의를 한 적이 있다. 나는 강의에 앞서 전체 학생에게 “우리는 왜 수학 공부를 해야 할까요?”라는 질문을 던졌다. 한 남학생의 대답이 아직도 기억에 남는다.

“논리력이 길러지기 때문입니다.”

중고등학교 수학 공부의 가장 큰 가치는 논리력을 키우는 데에 있다. 수학 지식은 수학 학습의 매개체로서 우리는 수학 지식으로 학습을 하고 사고력을 기르고 수학 문제를 해결하는 방법까지 알게 된다. 더 나아가 수학적 사고를 이용하여 세상을 이해하는 관점을 가지게 되는 것이다.

3. 명확하게 생각하고 분명하게 말하라

그렇다면 어떻게 해야 수학을 잘할 수 있을까? 우선 명확하게 생각하고 분명하게 말해야 한다. 명확하게 생각한다는 것은 뇌를 움직인다는 의미로 ‘사고’를 뜻한다. 분명하게 말한다는 것은 스스로 이해한 수학 문제를 자신의 언어로 표현할 수 있어야 한다는 것이다. 이런 표현은 수학적인 사고를 훈련시키는 좋은 방법이 된다. 명확하게 생각할 수 있는 사람만이 분명하게 말할 수 있다. 분명하게 말할 수 없다면 명확한 생각을 하는 것 또한 힘들 것이다.

4. 오류를 범하라: 문제를 많이 풀면 수학 실력이 늘어날까요?

수학 시험 성적이 기대에 미치지 못하면 흔히 그 이유를 두고 '문제를 많이 풀지 않아서'라는 결론을 내린다. 마치 문제의 양과 이해력의 수준이 어떤 상관관계가 있는 것처럼 말이다. 나는 학생들에게 문제풀이를 많이 하는 것이 좋을지 질문한 적이 있다. 많은 학생들이 문제를 많이 풀수록 다룰 수 있는 유형과 풀이방법이 다양해져 문제해결력이 높아진다고 믿고 있다.

하지만 나는 항상 그런 것은 아니라고 말하고 싶다. 수학 학습은 대부분 사고활동이기 때문이다. 따라서 성급하게 연산을 하려고 서두르지 않기를 바란다. 먼저 문제를 이해해야 한다. 평상시에도 시험을 치듯 수학 공부를 할 필요는 없다. 생각하는 연습이 필요하다. 처음에는 다소 시간이 걸리겠지만 점차 그 시간을 늘여가면서 생각해야 한다. 수학 공부는 수학적 사고력을 배우는 것이지, 맹목적으로 문제풀이에 매달리거나 풀이방법을 숙달시키기 위한 것이 아니다.

수학을 잘 하기 위해서 우리는 뇌를 열심히 움직여야 한다. 그리고 이 책이 여러분을 사고의 달인으로 만들어 줄 것이다.

저자 **장허**

차 례

프롤로그

어떻게 하면 수학을 잘할까요?

PART 1

생각을 움직이는 수학의 열쇠들

생각은 힘이다 : x와 $2-x$로부터 • 14
도형=식 : 좌표평면이라는 무대에서 • 21
도형을 생각하라 : 삼각형 내각의 크기의 합이 180°인 이유? • 42
두 함수의 관계 : 왼쪽은 더하고 오른쪽은 뺀다? • 51
함수의 성질 : 부호와 그래프에 숨겨진 생각 • 59
상상의 나래를 펼쳐라 : 생각으로 가득 찬 정육면체 • 71
'움직인다'와 '움직이지 않는다' : 점으로 만들어진 도형 • 93
어떻게 하면 생각이 움직일까? : 운동 변화에 숨겨진 사고 문제 • 101
생각 채널을 바꾸는 연습 : 대수적 사고와 기하적 사고 • 105

PART 2

어떻게 풀까?

원으로 기하를 말하다 • 114

문제해결은 생각의 결과다 • 137

숨겨진 논리를 읽어라 • 146

함수의 그래프를 어떻게 그릴까? • 172

대상의 본질 : 너는 누구냐? • 191

대수적 방법으로 기하 문제를 풀어라 • 201

PART 3

수학과 통하다

왜 7+5=12일까? • 238

함수적 사고와 관점은 정말 쓸모가 있을까? • 252

수학 공부는 수와 형태의 결합이다 • 263

생각을 움직이는 수학의 열쇠들

생각은 힘이다 :

x와 2−x로부터

수학 문제를 이해하고 해결하는 과정에서 우리의 뇌는 끊임없이 수학적 사고활동을 한다.

도대체 수학적으로 사고한다는 것은 무엇일까?

칠판에 다음과 같이 적혀 있다면, 여러분은 무엇이 떠오를까?

x 2-x

만약 여러분이 x와 2-x를 한 번 읽는 것에 그쳤다면 이것은 수학적인 사고활동이라 할 수 없다. x에 구체적인 숫자를 대입해 보는 것 역시 마찬가지다.

수학의 눈으로 x를 본다면 기호 x에 숨겨진 수학적 함의를 먼저 생각할 수 있다. 즉, x는 정해지지 않은 값으로, 변수 또는 미지수, 함수일 수 있다는 생각에 이를 것이다. 또한, x를 수직선 위의 좌표로 이해할 수 있는데 이것은 움직이는 점을 나타낸다. 2-x에 대해서도 같은 방법으로 생각해 볼 수 있다.

x와 2-x의 관계를 어떻게 이해할까?

x와 2-x가 정해진 값은 아니지만 그것의 합은 2로 일정하다. 이는 모든 x에 대해서 성립하며, 이것은 대수적 관점이다. 기하의 관점에서 본다면, x축 위의 점 (1, 0)을 중점으로 하는 양쪽의 두 좌표가 되고 두 실수는 x축 위의 점 (1, 0)에 대하여 대칭인 두 동점이다.

x와 2-x를 함수로 본다면 어떨까? 다음과 같이 서로 수직인 두 함수의 그래프도 가능하다.

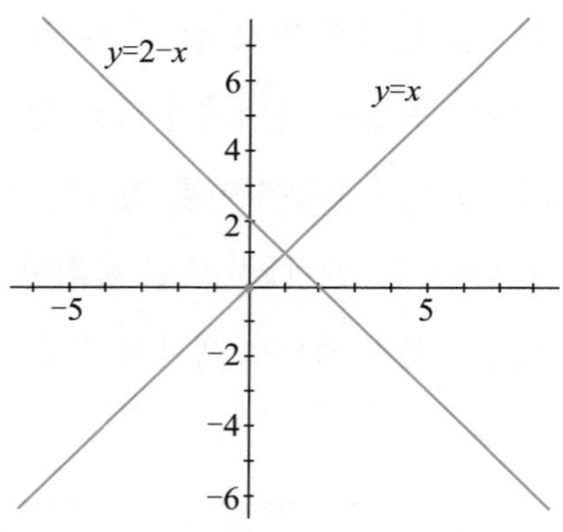

함수 $y=f(x)$가 $f(x)=f(2-x)$를 만족한다

아마도 $f(1)=f(2-1)$, $f(-1)=f(2+1)\cdots$을 먼저 떠올릴 수 있겠지만 이런 식의 '이해'는 진정한 의미의 수학활동이라기보다는 값을 대입하는 조작일 뿐이다.

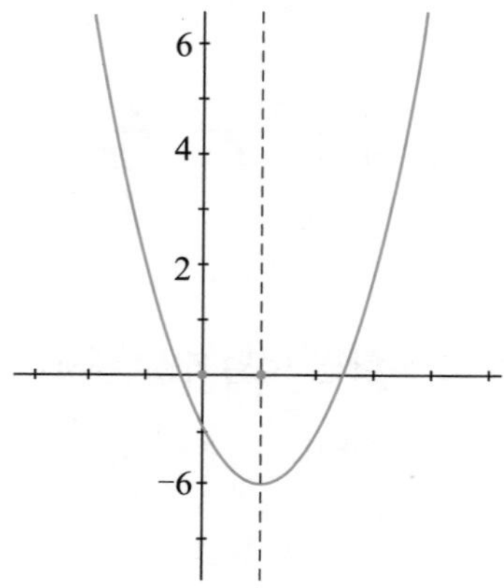

실제로, $f(x)=f(2-x)$, 이 표현의 의미는 함수 $y=f(x)$에서 합이 2인 두 변량 x와 $2-x$에 각각 대응하는 함숫값 $f(x)$와 $f(2-x)$는 서로 같다는 것이다.

여기서 이 함수의 기하학적 특징을 읽어낼 수 있다. 즉, x축 위에서 x와 $2-x$ 두 동점은 점 (1, 0)에 대해서 대칭이고 대응하는 함숫값은 서로 같다. 그래서 이 함수의 그래프는 주어진 그래프와 같이 직선 $x=1$에 대해서 대칭이다.

"함수 $y=f(x)$의 그래프가 직선 $x=1$에 대해서 대칭이다"를 어떻게 이해하면 좋을까?

어쩌면 "함수 $f(x)$의 그래프는 직선 $x=1$에 따라 접으면 완전히 포개어진다"와 같이 기하적인 관점에서 이해할 수 있다.

대수적 관점에서 생각해 보자. 대칭축을 기준으로 양쪽의 함숫값이 서로 같다는 것과 변수 x는 무슨 관계가 있을까?

대칭축은 $x=1$이므로 이 직선이 점 (1, 0)에서 x축에 수직인 직선이고 함수의 그래프에서 직선 $x=1$에 대칭인 두 좌표의 중점의 x좌표는 점 (1, 0)이 된다. 다시 말하면, 함수가 대응하는 각각의 x값의 합은 2이다.

함수의 기하 특징으로부터 대수적 특징에 이르기까지 충분히 고려하려면 두 변수 x, y의 관계를 연결하는 관점이 필요하다.

MATH TALK

수학 기호로 함수의 성질을 표현하는데 이는 기하 특징을 나타내기도 한다. 하지만 기호만 봐서는 대수 특징을 바로 알 수 없고 함수의 그래프에서 기하 특징을 바로 알아채려면 관점이 필요하다. 바로 이것이 수학의 매력이다. 그리고 대수적 특징과 기하적 특징은 모두 명확한 것으로, 곧 함수적 사고 활동의 주요 내용이다. 그러므로 우리가 함수를 공부할 때는 x의 변화 규칙과 이에 대응하는 y의 관계를 수시로 전환할 수 있는 능력을 갖추어야 한다.

수학의 관점에서 그래프를 어떻게 봐야 할까?

이 그래프를 수학적으로 해석해 보자.

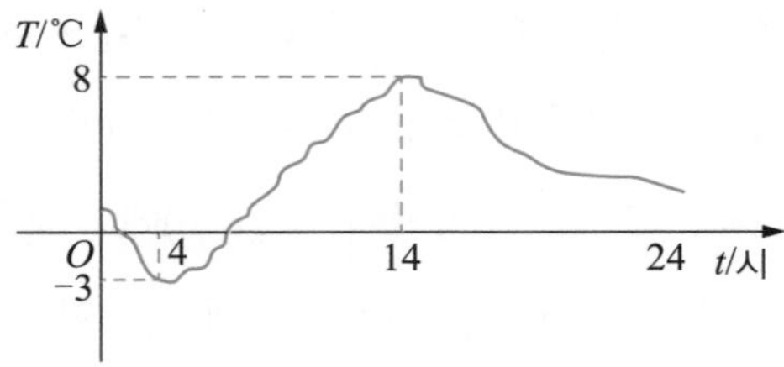

이 그래프는 서울의 어느 봄날, 시간 t에 대한 온도 T의 변화를 나타낸 기온 T의 시간 t에 대한 함수 그래프이다.

그래프에서 하루 중 임의의 순간의 기온이 대략 얼마인지 알 수 있고 이는 함수의 그래프로 표현된다. 그렇다면 함수의 변화 상태는 어떨까?

"0시부터 4시까지 기온 하강, 4시부터 14시까지 기온 상승, 14시부터 24시까지 또 기온 하강 상태"와 같은 설명을 할 수 있다. 여기서 우리는 "하루 중 최저기온은 새벽 4시일 때 -3°C, 최고기온은 14시일 때로 8°C이다"처럼 함수의 최댓값과 최솟값도 알 수 있다.

MATH TALK

함수의 개념과 성질을 공부할 때 실제 배경이 되는 그래프를 이해하는 것은 수학의 눈으로 문제를 다루는 것이고 우리가 추구하는 수학적 사고 활동이다. 함수의 개념에서 증감상태(단조성)와 함수의 최대, 최소를 생각해야 한다. 논리를 말하지 않더라도 그래프에서 주어진 정보를 정확하게 볼 수 있다.

수학 자신감은 어디서 올까?

우리는 모두 수학에 흥미가 생겼으면 한다. 이런 흥미는 수학 지식이나 이야깃거리로 주어지는 것이 아니라 수학 그 자체의 매력에서 오는 것이다. 추상적인 표현과 직관적인 기하 특징에

녹아 있는 수학적 사고 활동이 수학의 매력을 더한다.

여기에서는 각 분야에 활용되는 수학적 사고 방법을 통해 어떻게 수학 문제를 풀어나갈 수 있는지 공부할 것이다. 문제를 생각하다 보면 문제 해결에 도움이 될 것이고, 이미 수학적으로 사고하여 문제를 이해하는 관점을 가지고 있다면 이것이 곧 자신감으로 연결될 수 있을 것이다.

MATH TALK

우리에게는 자신감이 필요하다. 사고는 힘이자 역량이 된다. 가볍고 형식적인 공부 방법을 과감히 벗어던지고 수학 공부의 본질에 접근해야 한다. 문제해결 과정에서 스스로 사고하는 능력을 끌어올리려는 적극적인 자세가 결국 수학을 공부하는 역량을 높일 것이다.

도형=식 :

좌표평면이라는 무대에서

평면에 서로 수직인 두 개의 직선을 그린다. 수직선을 원점에서 만나도록 하면 이것이 곧 평면직교좌표계이다(이하 좌표평면). 수평인 수직선을 **x축 또는 가로축**이라고 한다. 수직인 수직선은 **y축 또는 세로축**이라고 한다. 두 축(좌표축)의 교점은 **좌표평면의 원점**이다.

데카르트 (르네 데카르트, 1596 - 1650)

프랑스 철학자, 수학자, 물리학자, 해석기하학 창시자이다. 1637년 《방법서설》을 발표하였고, 부록 《기하학》에서 전반적인 해석기하의 기본 사상과 관점을 설명했다. 좌표를 도입하여 점과 수의 일대일대응관계를 세웠으며, 기하문제의 대수방정식을 이끌어내었고 방정식으로 곡선의 성질을 연구하였다.

좌표평면은 기하대상의 무대이자 함수 그래프의 장이다. 수학 공부를 할 때 이 좌표평면을 자주 보게 되고 문제를 해결할 때는 아주 유용한 도구가 된다고도 말할 수 있다. 그러나 우리는 정말로 좌표평면을 잘 이해하고 있을까?

좌표평면에서 점은 어떻게 위치를 나타낼까?

x축은 평면을 위아래 두 부분으로 나누는 직선이다. x축을 기준으로 위, 아래에 있는 점과 x축 위의 점의 위치는 모두 다르다. 서로 같지 않은 점은 좌표평면에서 어떤 특징이 있을까? 위치가 서로 같은 점의 좌표는 서로 같은 특징을 가질까?

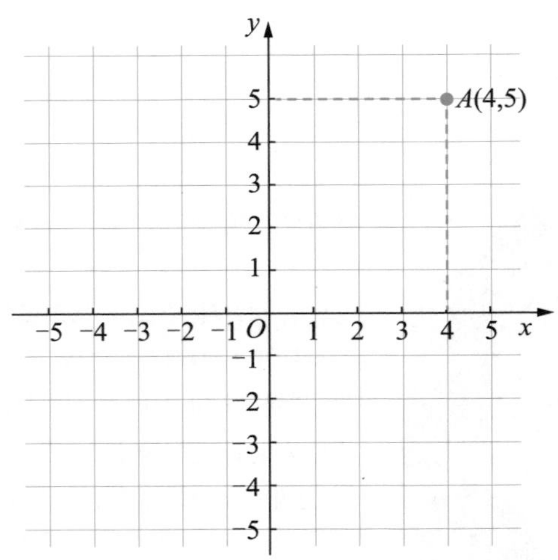

좌표평면에 점을 하나 찍어서 생각해 보자.

생각 1

x축 윗부분에서 서로 다른 임의의 점을 몇 개 생각해 보자.

예를 들어, $A(4, 5)$, $B(0, 4)$, $C(-3, 5)$ 등과 같은 점을 찍어볼 수 있다. 찍은 점들은 어떤 특징이 있을까?

x축 윗부분 평면에 있는 점의 x좌표는 임의의 실수이고, y좌표는 모두 양의 실수이다.

생각 2

x축 아랫부분에서 서로 다른 임의의 점을 몇 개 생각해 보자.

예를 들어, $D(-2, -3)$, $E(0, -4)$, $F(3, -5)$ 등과 같은 점을 찍어볼 수 있다. 이 점들에서는 어떤 특징을 발견할 수 있을까?

어렵지 않게 x축 아랫부분 평면에 있는 점의 x좌표는 임의의 실수이고, y좌표는 모두 음의 실수라는 것을 알 수 있다.

생각 3

x축 위에 서로 다른 임의의 점을 몇 개 생각해 보자.

예를 들어, $(-3, 0)$, $(0, 0)$, $(2, 0)$, $(6, 0)$ 등과 같은 점을 찍어볼 수 있다. 이 점들의 공통점은 분명하다.

x축 위의 점을 보면 x좌표는 임의의 실수이고, y좌표는 모두

0이라는 것을 알 수 있다.

MATH TALK

같은 영역에 있는 점의 좌표는 공통의 성질을 가진다. 서로 다른 영역에 있는 두 점의 성질은 다르다. 이것은 점의 성질로 점의 위치를 나타낼 수 있음을 알려준다.

이제 y축을 다시 보자. y축은 평면을 좌우 두 개의 평면으로 나누고 그 자신은 직선이다. 좌우 두 영역의 y좌표는 임의의 실수이다. 그렇다면 y축을 기준으로 나누어지는 좌우 두 영역의 위치는 어떻게 다를까?

여기서 반드시 짚고 가야 할 것은 x좌표이다.

- y축 왼쪽 영역의 점의 x좌표는 0보다 작은 실수이다.
- y축 오른쪽 영역의 점의 x좌표는 0보다 큰 실수이다.
- y축 위 점의 x좌표는 모두 0이다.

전체적으로 좌표평면을 보자. 서로 수직인 두 수직선 x축과 y축은 평면을 4개의 영역으로 나눈다.

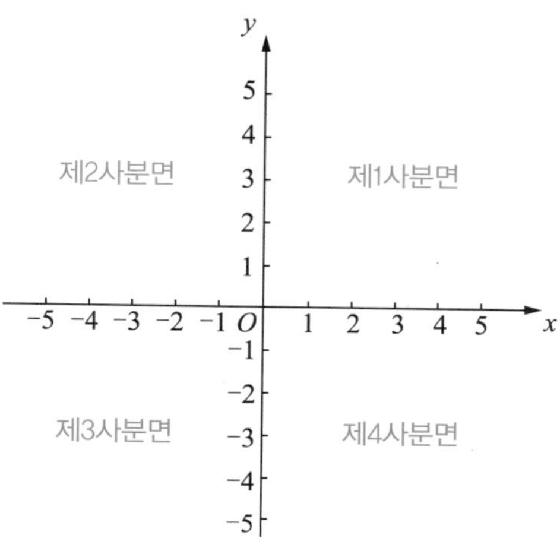

그림과 같이, 이 네 영역을 제1사분면, 제2사분면, 제3사분면, 제4사분면이라고 부른다.

다음으로 좌표평면 위의 점의 위치는 또 어떻게 표현할 수 있을까? 네 개의 서로 다른 영역의 점의 위치는 x축과 y축에 대응하는 값이 서로 다르다.

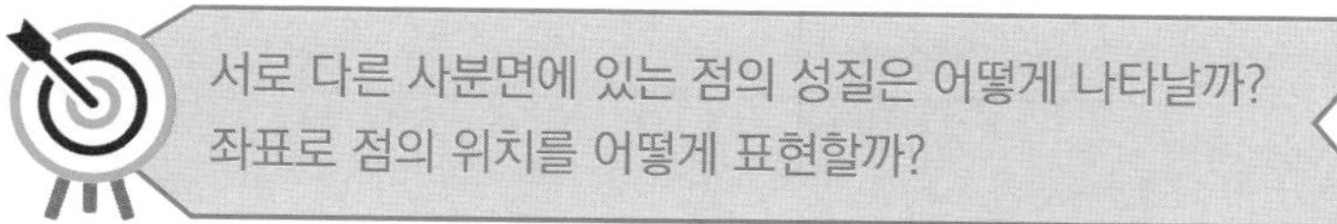

서로 다른 사분면에 있는 점의 성질은 어떻게 나타날까?
좌표로 점의 위치를 어떻게 표현할까?

다음과 같은 점의 성질을 확인해 보자.

① 제2사분면 위의 점

- 기하 성질: x축의 윗부분과 y축의 왼쪽부분이다.

- 대수 성질: 점 $P(x, y)$에서 $x<0$, $y>0$이다.

② (1, −3), (1, 0), (1, 5) …

기하 성질	대수 성질
같은 직선 위의 점으로 이 직선과 x축이 만나는 점은 (1, 0)이고 y축과 평행하며 거리가 1이다. (즉, 이 직선은 x=1로 표현된다.)	x좌표가 모두 1이다.
직선 x=1은 평면을 좌우 두 부분으로 나눈다.	직선 x=1의 오른쪽의 점은 x좌표가 모두 1보다 크다($x-1>0$). 직선 x=1의 왼쪽의 점은 x좌표가 모두 1보다 작다($x-1<0$).

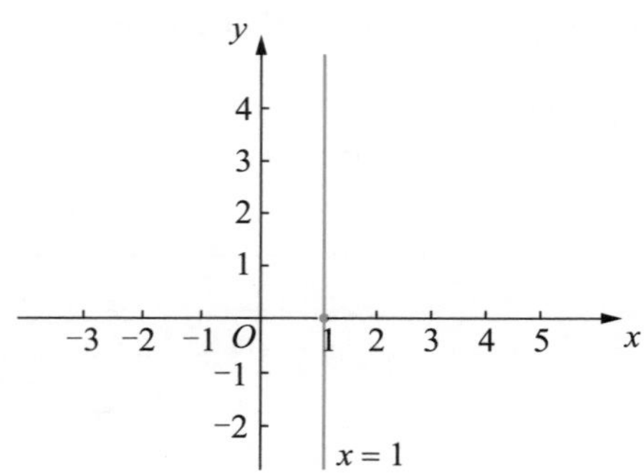

(1, 0)을 지나는 x축에 수직인 직선이 나누는 평면을 식으로 어떻게 표현할까?

③ (−3, −3), (−2, −2), (0, 0), (2, 2), (3, 3) …

기하 성질	대수 성질
같은 직선 위에 있는 점이다. 제1사분면과 제3사분면을 나누는 직선	x, y좌표가 모두 서로 같다. 직선의 방정식은 $y=x$이다.

직선 $y=x$ 위의 점을 제외한 나머지 부분은 좌표평면을 오른쪽 아랫부분과 왼쪽 윗부분 두 부분으로 나눈다. 직선의 오른쪽 아래 영역에 포함된 점의 좌표는 어떤 특징이 있을까? 이 영역에 포함된 임의의 점 하나를 선택해서 그 점의 좌표를 분석해 보자.

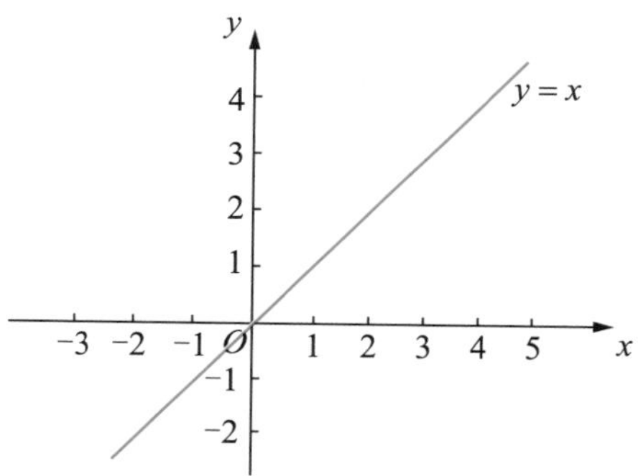

직선 $y=x$의 오른쪽 아래에 있는 점	직선 $y=x$의 왼쪽 위에 있는 점
(−1, −2), (0, −3), (1, −2), (2, 1), (5, 4) …	(−1, 1), (0, 2), (1, 3), (2, 4), (4, 5) …
$m>n$ (즉, $m-n>0$)	$m<n$ (즉, $m-n<0$)

④ (−3, 3), (−2, 2), (0, 0), (2, −2), (3, −3) …

기하 성질	대수 성질
같은 직선 위에 있는 점으로 이 직선은 제2사분면, 제4사분면을 정확히 반으로 나눈다.	x, y값의 크기는 같고 부호가 서로 반대이므로 합은 항상 0이다. 직선의 방정식은 y=-x이다.

같은 방법으로, 직선 y=-x를 제외하고 좌표평면이 오른쪽 윗부분과 왼쪽 아랫부분 두 부분으로 나눠진다.

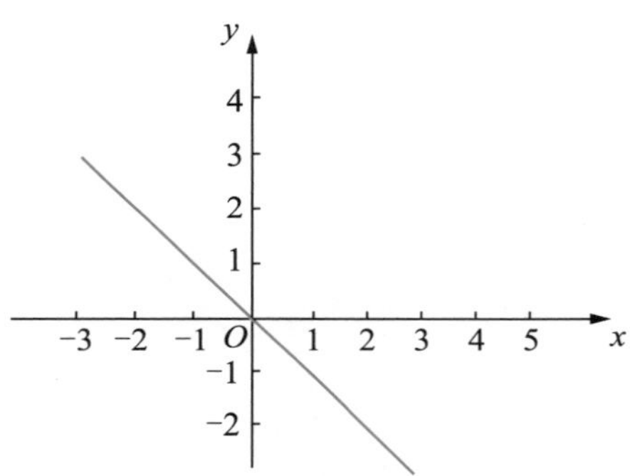

직선 y=-x의 오른쪽 윗부분에 있는 점	직선 y=-x의 왼쪽 아랫부분에 있는 점
(−1, 2), (0, 3), (1, 0), (2, −1), (5, −2) …	(−1, −1), (0, −2), (1, −3), (2, −4), (4, −5) …
$m+n>0$	$m+n<0$

MATH TALK

일반적인 상황으로 확장해 보자.
예각으로 기울어진 직선 $Ax+By+C=0(A>0)$은 평면을 세 부분으로 나눈다.
즉, 직선 $Ax+By+C=0(A>0)$과 직선 오른쪽 아랫부분과 왼쪽 윗부분으로 나누어진다.

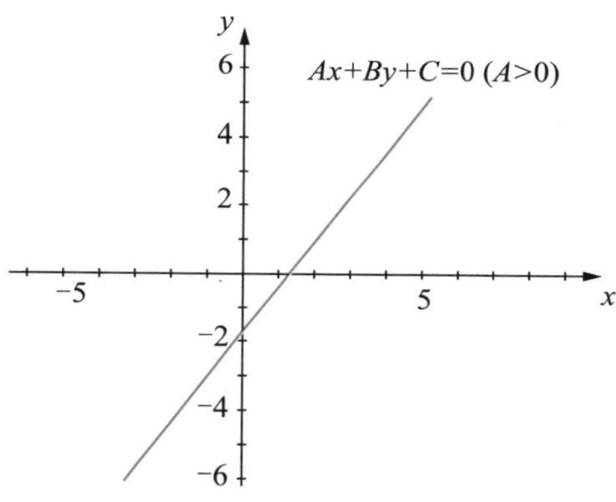

직선의 오른쪽 아래 영역에 있는 점의 좌표는 어떤 공통적인 특징이 있을까?

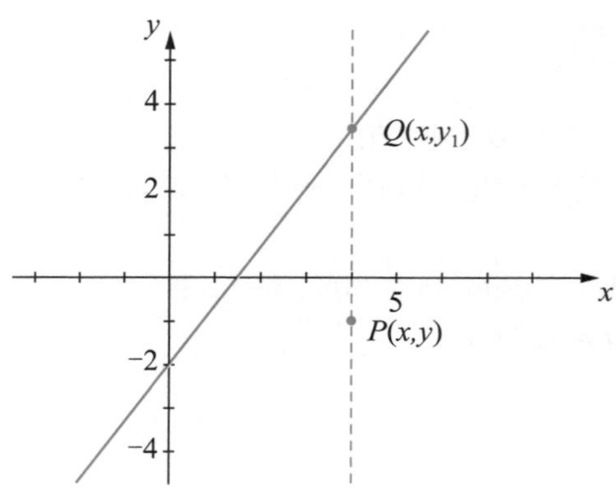

위 그림과 같이, 예각으로 기울어진 직선 $Ax+By+C=0$ $(A>0)$의 기울기는 $-\dfrac{A}{B}>0$이다. $A>0$이므로 $B<0$임을 알 수 있다.

직선 $Ax+By+C=0$의 오른쪽 아래 영역에서 점 $P(x,\ y)$를 하나 생각하자. 점 P를 지나고 x축에 수직인 직선은 직선 $Ax+By+C=0$과 점 Q에서 만난다. 점 $Q(x,\ y_1)$이라고 하면 $y_1>y$이다. $Ax+By_1+C=0$에서 $B<0$이므로 $By_1<By$이다.

따라서 $Ax+By_1+C<Ax+By+C$, 즉 $Ax+By+C>0$이다.

기울기를 가지는 직선에 대하여 다음과 같은 결론을 얻을 수 있다.

(1) 예각으로 기울어진 직선 $Ax+By+C=0(A>0)$의 오른쪽 아래 영역의 점 $P(x, y)$의 좌표의 특징은 $Ax+By+C>0$이고 직선 $Ax+By+C=0(A>0)$의 왼쪽 위 영역의 점 $P(x, y)$의 특징은 $Ax+By+C<0$이다.

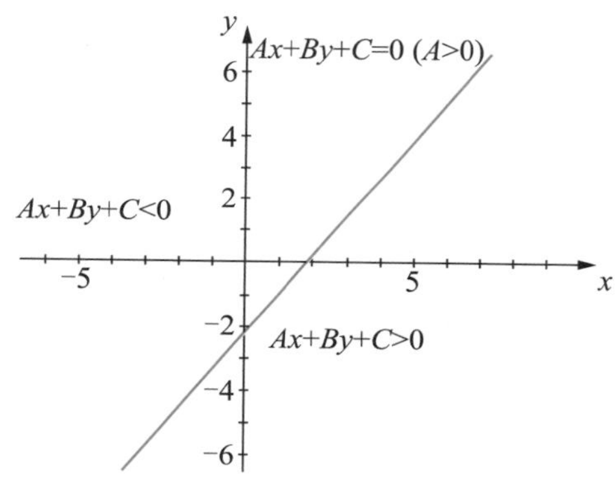

(2) 같은 이유로, 만약 둔각으로 기울어진 직선이라면 직선 $Ax+By+C=0(A>0)$의 오른쪽 위 영역의 점 $P(x, y)$의 특징은 $Ax+By+C>0$, 왼쪽 아래 영역의 점 $P(x, y)$의 특징은 $Ax+By+C<0$이다.

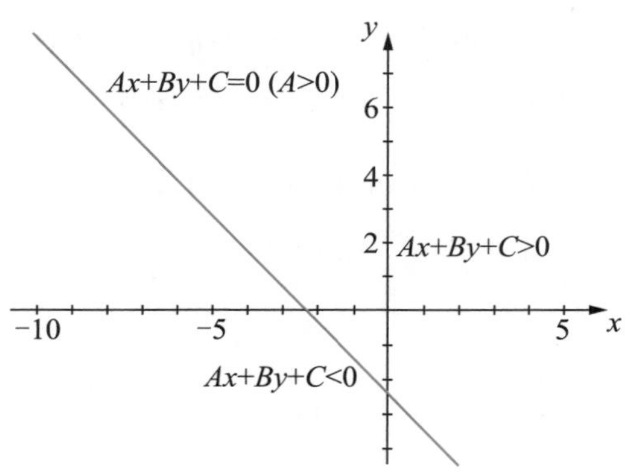

(3) 만약 기울어진 각이 90°라면 직선의 방정식은 $x=x_0$이다. 즉, x축에 수직인 직선의 오른쪽 영역의 점 $P(x, y)$의 특징은 $x>x_0$, 왼쪽 영역의 점 $P(x, y)$의 특징은 $x<x_0$이다.

(4) 만약 기울어진 각이 0°라면 직선의 방정식은 $y=y_0$이다. 즉, 직선 $y=y_0$ 윗부분 영역의 점 $P(x, y)$의 특징은 $y>y_0$, 직선 $y=y_0$ 아랫부분 영역의 점 $P(x, y)$의 특징은 $y<y_0$이다.

MATH TALK

기하대상을 연구할 때는 먼저 위치관계를 살펴본 다음, 그래프를 그려본다. 그리고 기하대상의 위치관계를 정해보거나 식으로 나타내보는 것이다. 위치관계를 연구하는 것은 반드시 두 개 혹은 두 개 이상의 기하대상에 대해서다. 위치관계 유무는 여러분이 본 기하대상이 두 개 혹은 두 개 이상이냐 아니냐 하는 것으로, 매우 중요한 문제다.

앞서 살펴 본 좌표평면 위의 점은 표면적으로는 하나의 기하 대상이다. 그런데 왜 점의 위치를 연구할까? 그 이유는 좌표평면 위의 점을 독립된 하나로 보는 것이 아니라, x축과 y축 두 개의 직선 위에서 보기 때문이다. 바로 이 두 직선이 평면을 4개 부분과 두 직선 그 자체로 나누기 때문에 평면 위의 임의의 점은 모두 그 위치가 있고, 점의 좌표는 대수 특징을 나타낸다. 여기서 x축은 방정식 $y=0$, y축은 방정식 x=0이다.

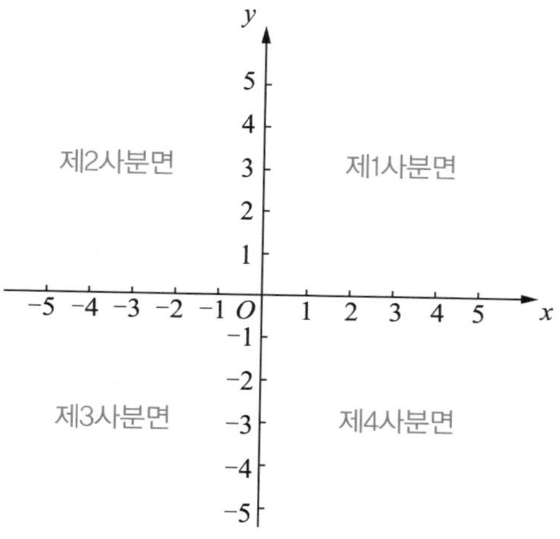

제1사분면 점 $P(x, y)$: 직선 $x=0$의 오른쪽, 직선 $y=0$의 위쪽에 있으므로 $x>0$, $y>0$이다.

제2사분면 점 $P(x, y)$: 직선 $x=0$의 왼쪽, 직선 $y=0$의 위쪽에 있으므로 $x<0$, $y>0$이다.

제3사분면 점 $P(x, y)$: 직선 $x=0$의 왼쪽, 직선 $y=0$의 아래쪽에 있으므로 $x<0$, $y<0$이다.

제4사분면 점 $P(x, y)$: 직선 $x=0$의 오른쪽, 직선 $y=0$의 아래쪽에 있으므로 $x>0$, $y<0$이다.

MATH TALK

좌표평면은 평면을 대수화한 것이다. 이것은 우리가 대수적 방법으로 기하문제를 해결하는 것을 가능하게 하였다. 여기서 수학의 미묘함을 느낄 수 있다. 하나는 형태이고, 하나는 수이다. 이 두 가지는 수학 공부에서 어떤 관련이 없어 보이지만 좌표평면에서 완벽하게 맞아떨어진다.

좌표평면에서 기하대상의 위치관계를 어떻게 정할까?

문제 1

직선 $l: ax+y+2=0$과 점 $A(-2, 3)$와 점 $B(3, 2)$를 이은 직선이 서로 만날 때, a값의 범위를 구하여라.

분석

점 $A(-2, 3)$와 점 $B(3, 2)$, 직선 l 사이의 위치관계는 어떠한가?

기하 특징을 살펴보면, 점 $A(-2, 3)$와 점 $B(3, 2)$는 직선 l이 나누는 평면의 두 부분 또는 직선 l위의 점으로 구분된다. 즉,

점 $A(-2, 3)$와 점 $B(3, 2)$의 좌표를 $l: ax+y+2=0$의 좌변에 대입하면 부호가 서로 다른 두 값 또는 그 중 하나의 값은 0이 된다. 두 값의 곱은 0보다 작거나 같다. 즉, $(-2a+3+2)\cdot(3a+2+2) \le 0$이므로 $a \le -\frac{4}{3}$ 또는 $a \ge \frac{5}{2}$이고 a값이 취하는 구간은 $\left(-\infty, -\frac{4}{3}\right] \cup \left[\frac{5}{2}, +\infty\right)$이다.

MATH TALK

기하원소 간의 위치관계는 대수화를 진행하기 전에 먼저 정해져야 하며, 이것이 문제해결의 실마리가 된다.

문제 2

실수 x, y에 관한 연립부등식 $\begin{cases} 2x-y+1>0 \\ x+m<0 \\ y-m>0 \end{cases}$ 이 나타내는 영역의 내부의 한 점을 $P(x_0, y_0)$라고 할 때, $x_0-2y_0=2$를 만족하는 실수 m의 값의 범위를 구하여라.

분석

실수 x, y에 관한 연립부등식 $\begin{cases} 2x-y+1>0 \\ x+m<0 \\ y-m>0 \end{cases}$ 이 나타내는 영역이 가지는 특징은 무엇일까?

직접 그려보기 전에 이 영역의 형태를 한번 상상해 보자.

$2x-y+1>0$에 대응하는 영역은 $2x-y+1=0$의 오른쪽 아랫부분이다.

$x+m<0$에 대응하는 영역은 $x+m=0$의 왼쪽 부분이다.

그리고, $y-m>0$에 대응하는 영역은 $y-m=0$의 윗부분이다.

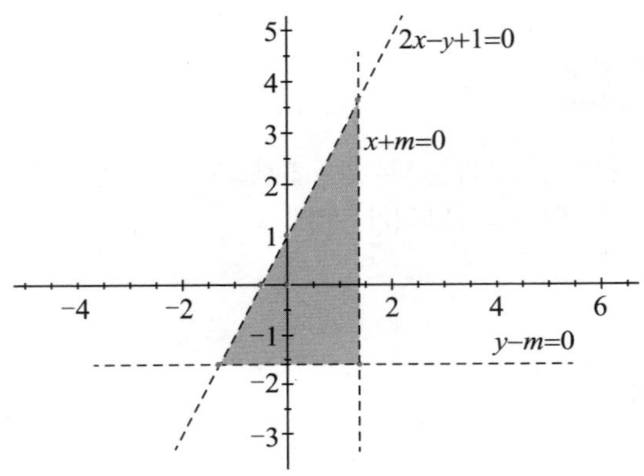

연립부등식이 나타내는 영역은 어떤 삼각형의 내부가 된다. 영역변화에 영향을 주는 요인은 동점 $M(-m,\ m)$이다. 우리는 점 $M(-m,\ m)$이 이동하는 위치도 알아낼 수 있다. 즉, 직선 $x+y=0$의 윗부분과 $2x-y+1=0$의 아랫부분에 해당한다.

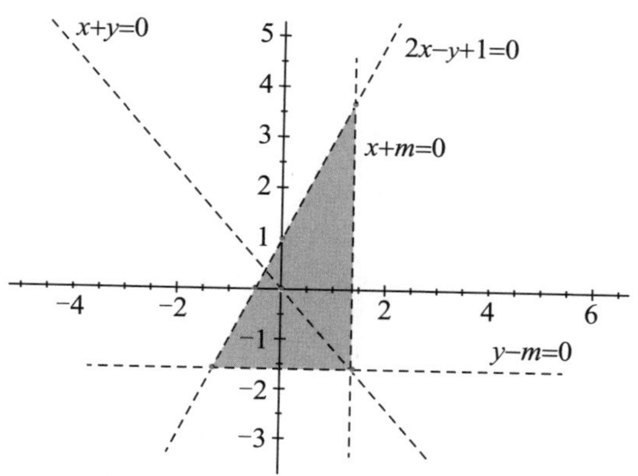

문제에서 주어진 조건이 “영역 내부의 점 $P(x_0,\ y_0)$가 x_0-$2y_0$=2를 만족한다”라고 하였기 때문에, 기하학적 관점에서 이해하자면 직선 x-$2y$=2는 부등식이 나타내는 영역을 통과한다.

이런 기하 특징을 만족하기 위해, M(-m, m)과 직선 x-$2y$=2의 위치관계를 명확히 할 필요가 있다. 분명한 것은, 동점 M(-m, m)은 직선 x-$2y$=2의 오른쪽 아랫부분에 위치해야 한다는 것이다. 위치관계가 일단 정해지면, 서로 대응하는 것에 대한 대수화가 가능하다.

즉, M(-m, m)을 방정식 $x-2y=2=0$의 좌변에 대입하면 -m-$2m$-2 >0이라는 값을 얻는다.

따라서 $m<-\frac{2}{3}$ 이므로 m이 취하는 범위는 $\left(-\infty,\ -\frac{2}{3}\right)$이다.

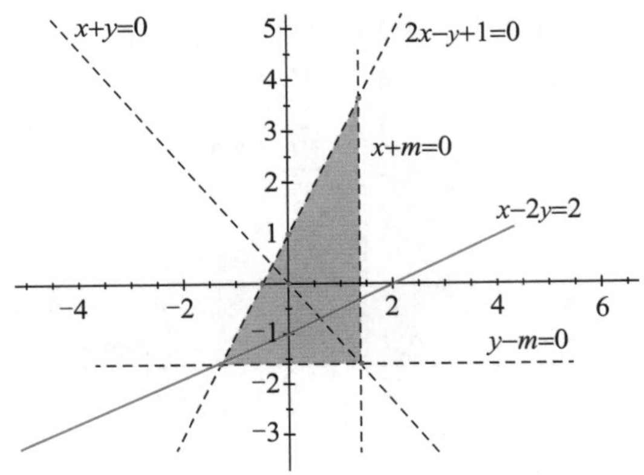

앞의 3가지 분석을 통해, 좌표평면에서 서로 다른 기하대상 사이의 위치관계를 확인하는 것이 얼마나 중요한지 알게 되었을 것이다. 그렇다면, 이번엔 스스로 테스트를 한번 해 보자.

TEST 문제

평면에 원 $x^2+y^2=1$이 주어져 있다.

이 문장에 위치관계와 관련된 것이 있을까?

만약, 여러분이 단순히 단위원 하나를 생각했다면 곧바로 위치관계와 연결 짓기는 힘들 것이다. 실제로 여기에는 두 개의 기하대상이 있다. 바로 평면과 원 $x^2+y^2=1$이다. 만약 이렇게 이해한 사람이라면 당연히 위치관계를 생각할 수 있었을 것이다. 원 $x^2+y^2=1$은 평면을 세 개의 부분으로 나누는데, 원 $x^2+y^2=1$의 내부, 원 위의 점(원 자체)과 원의 외부이다. 이렇게 보면 대응하는 기하대상은 모두 대응하는 대수식을 가지고 있다. 즉, $x^2+y^2<1$, $x^2+y^2=1$, $x^2+y^2>1$이다.

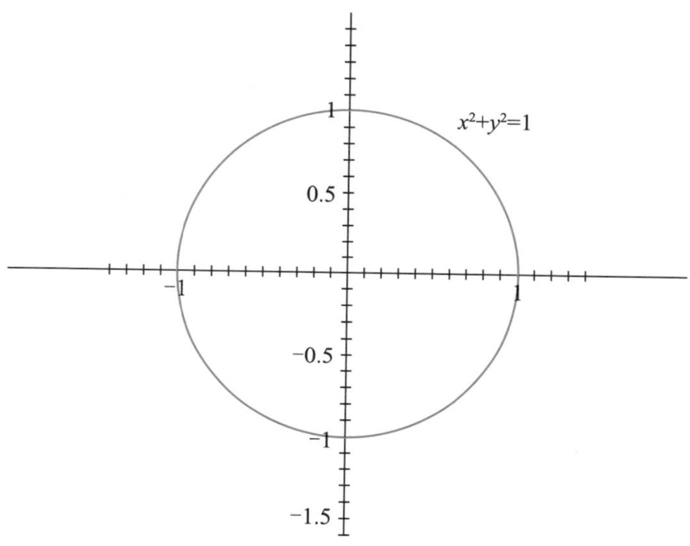

같은 방법으로, 평면 위에 타원 $\dfrac{x^2}{a^2}+\dfrac{y^2}{b^2}=1(a>b>0)$이 있다. 이제 우리는 타원 $\dfrac{x^2}{a^2}+\dfrac{y^2}{b^2}=1$이 평면을 세 부분으로 나눈다는 것을 이해할 수 있다. 타원 자신을 제외하고 타원 내부와 외부의 두 부분으로 대응하는 대수식은 $\dfrac{x^2}{a^2}+\dfrac{y^2}{b^2}<1$, $\dfrac{x^2}{a^2}+\dfrac{y^2}{b^2}>1$이다.

평면 위의 포물선 $y^2=2px$도 평면을 나누는데, 포물선 내부와 포물선, 포물선 외부 이렇게 3부분으로 나눈다. 포물선의 대수식은 곧, 방정식 $y^2=2px$ $(p>0)$이다. 그러면 포물선 $y^2=2px$

의 내부는 어떻게 대수형식을 이용하여 표현할 수 있을까?

포물선 내부의 임의의 점을 $P(x_0, y_0)$라고 하자. 점 P를 x축의 윗부분에 있는 점으로 잡아도 상관이 없는데, 이때는 $y_0 > 0$ 이다. 만약, 점 P를 지나는 x축에 수직인 직선을 그린다면 어떨까? 포물선과 만나는 점을 M이라고 할 때, 점 M의 좌표는 (x_0, y_1)로 나타내자. $y_1 > y_0 > 0$이므로 $y_1^2 > y_0^2$이다. 점 M은 포물선 $y^2 = 2px$ 위의 점이므로 $y_1^2 = 2px_0$이고, 따라서 $y_0^2 < 2px_0$이다.

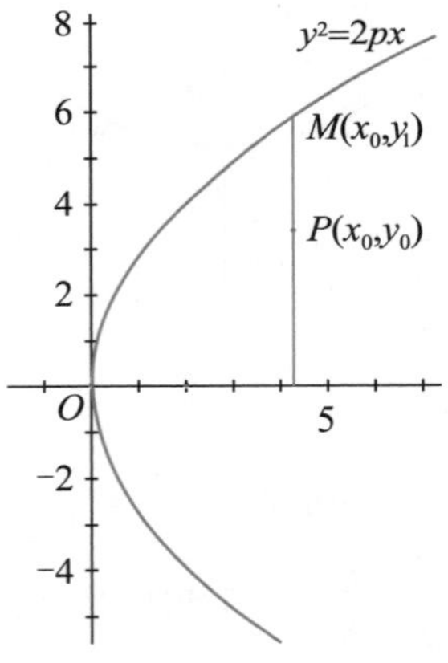

같은 이유로, 만약 점 $P(x_0, y_0)$이 포물선 $y^2 = 2px$ 외부의 임의의 점이라면, $y_0^2 > 2px_0$을 만족한다.

MATH TALK

평면도형은 점, 직선, 원, 타원, 포물선, 쌍곡선을 막론하고 모두 좌표평면에서 위치관계를 가진다. 다른 기하대상을 추가하지 않는 상황에서 그것들의 위치관계는 그 자체와 좌표평면의 관계에서 나타나며, 대수식을 이용하여 이런 위치관계를 표현한다.
여러분은 위의 내용을 학습하며 이제 좌표평면을 충분히 이해하게 되었을 것이다.

도형을 생각하라 :

삼각형 내각의 크기의 합이 180°인 이유?

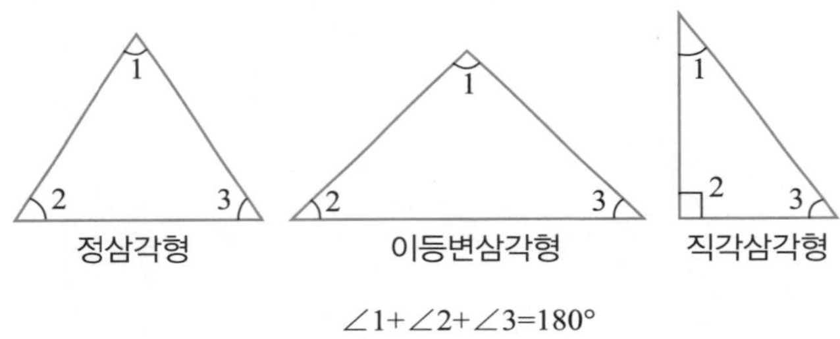

$\angle 1 + \angle 2 + \angle 3 = 180°$

위 그림처럼 서로 다른 삼각형이 주어지면 이등변삼각형, 정삼각형, 직각삼각형, 예각삼각형, 둔각삼각형 등과 같은 이름을 붙인다.

삼각형을 공부할 때는 변의 길이가 서로 같은지 등 변의 관계와 각도를 먼저 생각해야 한다. 삼각형 중에는 '내각의 크기가 60° 또는 90°인 것', '모든 내각의 크기가 60°인 것', '내각이 30°, 60°인 것' 등이 있다.

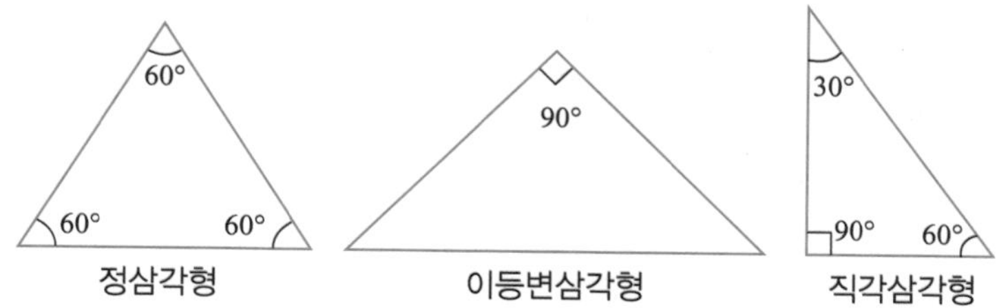

그렇다면 모양이 제각각인 삼각형에서 변하지 않는 성질은 무엇일까?

초등학교 과정에서 이미 배운 내용으로, 삼각형의 모양과는 상관없이 세 내각의 크기의 합은 항상 180°인 것을 알 수 있다.

삼각형 내각의 크기의 합은 왜 180°일까?

우리가 배운 평면기하 내용 중에서 180°와 관련된 것은 무엇일까?

바로 평각 $\angle AOB$의 크기는 180°라는 것이다. 평각은 직선 l 위의 각이다.

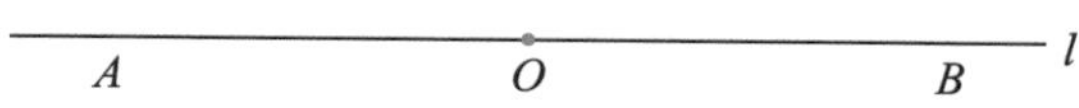

또 이렇게도 생각해 볼 수 있다. 만약 두 직선을 지나는 다른

한 직선이 있을 때, 각 $\angle 1$과 $\angle 2$가 그림과 같이 생긴다. 만약 직선 a와 직선 b가 평행이라면, $\angle 1$과 $\angle 2$는 서로 보각이다. 즉, $\angle 1 + \angle 2 = 180°$이다.

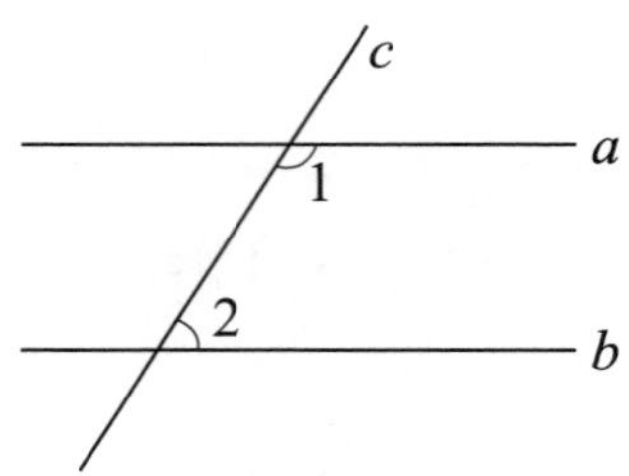

삼각형 내각의 크기의 합이 180°인 문제는 두 도형 간의 관계를 나타내는 문제로 바꾸어 생각해 볼 수 있다.

(1) $\triangle ABC$와 평각이 대응하는 직선 l 간의 위치관계에서 각도를 생각하는 문제

① 직선 l과 $\triangle ABC$가 서로 떨어져있으면 평각 180°와 $\triangle ABC$의 세 내각의 크기의 합과는 어떠한 관계도 없다.

② 만약 직선 l을 $\triangle ABC$의 한 꼭짓점 B와 만나도록 이동시킨다면?

여기서 $\angle 1 + \angle ABC + \angle 2 = 180°$이다.

그러나 $\angle 1 \neq \angle A$, $\angle 2 \neq \angle C$이다.

그 이유는 직선 l과 $\overline{AC}$는 평행하지 않기 때문이다.

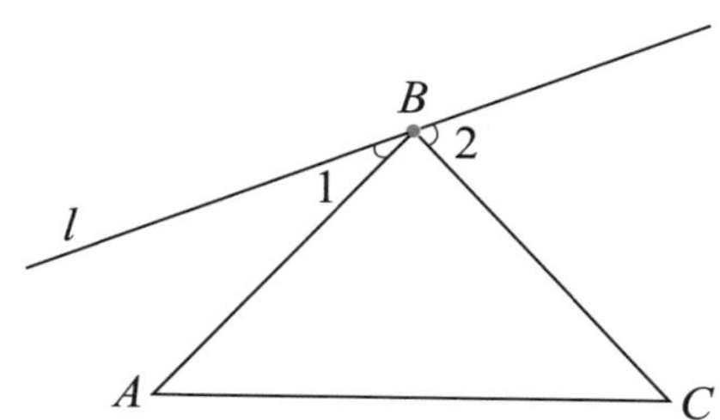

③ 이제는 직선 l을 점 B를 중심으로 조금씩 움직여서 $l \mathbin{/\!/} \overline{AC}$가 되도록 하자.

그러면 $\angle 1=\angle A$, $\angle 2=\angle C$ 이므로

평각의 정의에 따라 $\angle 1+\angle ABC+\angle 2=180°$이다.

따라서 $\angle A+\angle ABC+\angle C=180°$이다.

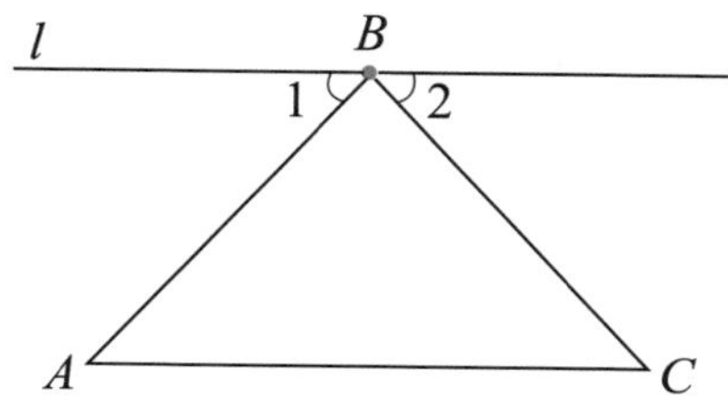

④ 만약 직선 l을 $\triangle ABC$의 꼭짓점 B에서 시작하여 연속으로 평행이동 시킨다면, 꼭짓점 A와 꼭짓점 C를 지날 때의 직선을 다음과 같이 직선 m, n으로 이름붙일 수 있다.

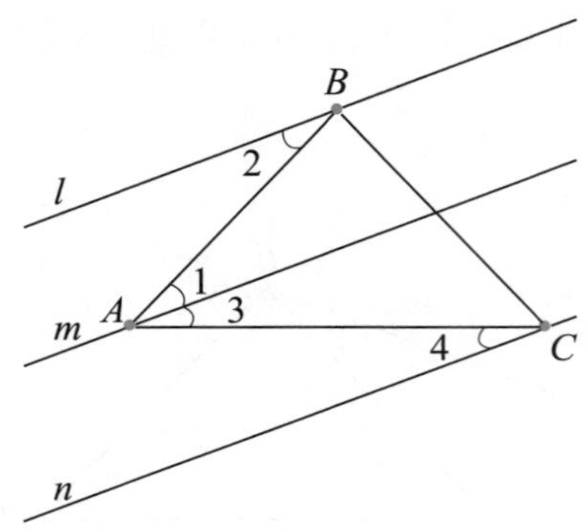

$l /\!/ n$이고 보각의 성질에 의해

$\angle 2 + \angle ABC + \angle ACB + \angle 4 = 180°$이다.

$l /\!/ m$이므로 $\angle 1 = \angle 2$,

$m /\!/ n$이므로 $\angle 3 = \angle 4$ 이다.

그러므로 $\angle 1 + \angle ABC + \angle ACB + \angle 3 = 180°$이고,

즉, $\angle BAC + \angle ABC + \angle ACB = 180°$이다.

(2) 두 직선이 평행인 상황에서 다른 한 직선에 의해 같은 쪽에 생기는 각은 서로 보각이다. $\triangle ABC$의 내각의 크기의 합에 대한 문제를 두 도형 간의 관계로 생각해 볼 수 있을까?

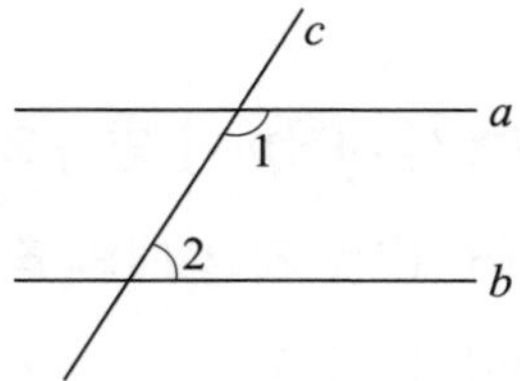

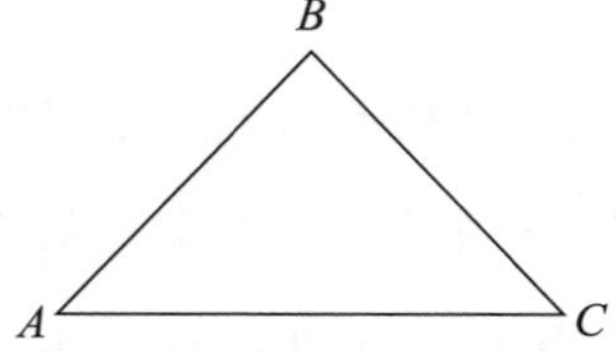

두 직선 a, b가 다른 한 직선 c로 나눠진다. 즉, 같은 쪽의 내각은 서로 보각이므로 $\angle 1+\angle 2=180°$이다.

만약 평행하는 두 직선 a, b가 평행하지 않다면? 즉, 직선 a를 시계 방향으로 회전해본다면 어떨까?

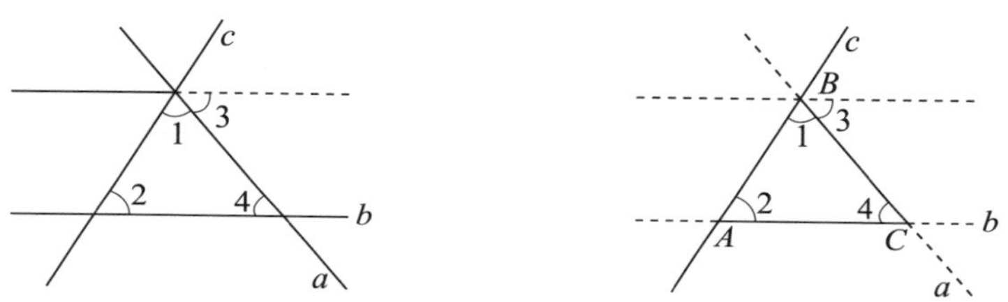

$\angle 1+\angle 2<180°$가 된다. 그렇다면, 사라진 각은 어디서 찾을 수 있을까?

우리는 계속 두 직선의 평행성질을 이용하고 있으므로, 이 사실을 기억한다면 문제는 어렵지 않다. 사라진 $\angle 3$은 삼각형의 내각 $\angle 4$이다. 두 직선이 평행하지 않다면 두 직선은 반드시 만난다. 방금 확인했던 같은 쪽 내각의 줄어든 부분은 $\angle 3$이고, $\angle 4$와 크기가 같다. 이것으로 삼각형 내각의 크기의 합은 180°임을 확인할 수 있다.

(3) $\triangle ABC$에서 "두 직선 a, b는 다른 한 직선 c로 나눠진다"에 대응하는 도형은 무엇일까?

$\triangle ABC$에서 $\angle A$와 $\angle B$는 같은 쪽의 내각이다. 하지만 $\angle A + \angle B \neq 180°$이므로 $\overline{BC}$와 $\overline{AC}$가 서로 만난다. 이런 이유로, $\overline{BC}$를 반시계 방향으로 회전하여 $\overline{BD} /\!/ \overline{AC}$가 되게 하면, 이때 $\angle A$와 $\angle ABD$는 같은 쪽의 내각이 되고 $\angle A + \angle ABD = 180°$이다.

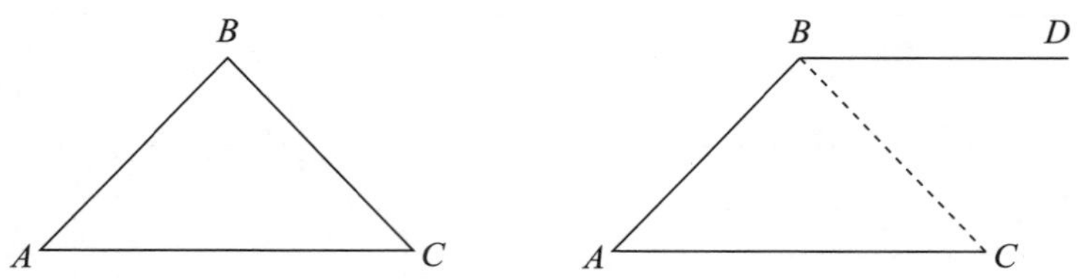

이것은 단순한 문제 해석일 뿐 증명은 아니다. 하지만 이런 식의 해석을 통해 우리는 문제를 해결하는 방법을 찾을 수 있다.

위와 같은 문제를 어떻게 생각해 볼 수 있을까? 지금까지의 논의가 우리에게 알려주는 것과 같이, 도형 간의 관계로부터 수량 관계를 나타내는 것이다.

이제 문제를 또 다르게 생각해 보자. 예를 들어, 꼭짓점 C를 $\overline{BC}$ 위를 움직이는 점이라고 생각해 보는 것이다. 여러분은 점 C를 좌우로 이동시키는 과정에서 이 삼각형에 어떤 변화가 있는지 찾아보길 바란다.

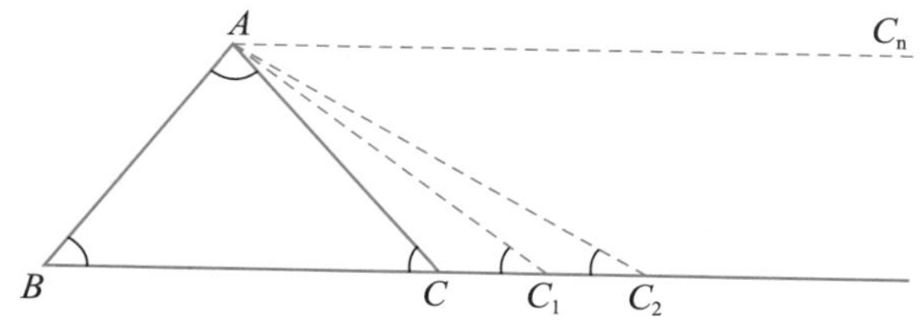

$\overline{AB}$와 $\angle B$는 변함이 없다. 그러나 $\overline{AC}$와 $\overline{BC}$는 계속 변하는데, 점 C가 오른쪽으로 이동할수록 $\overline{AC}$와 $\overline{BC}$의 길이는 길어진다. 그렇다면, $\angle C$는 어떻게 변할까?

우리는 $\angle C$의 크기도 점점 작아진다는 것을 알 수 있다. 만약 점 C를 무한히 멀리 이동시킨다면 어떻게 될까?

또 이때 $\overline{AC}$와 $\overline{BC}$는 어떻게 변하며, 위치관계는 어떨까? 둘은 언젠가는 만나겠지만 교점이 무한히 먼 지점에 있기 때문에, 우리는 이것을 '거의' 평행하다고 여긴다. 따라서 점 C가 무한히 먼 지점에 있을 때 위치관계는 운동변화를 이용해 생각해 볼 수 있다.

여기서 내릴 수 있는 결론 한 가지는, 원래 삼각형에서 세 내각의 합은 점 C가 무한히 먼 지점에 있을 때 $\angle A+\angle B$가 된다는 것이다. 그렇다면 $\angle A+\angle B$에 대응하는 위치는 어디일까? 앞에서 이미 확인한 바와 같이, 직선 $\overline{AC}$와 $\overline{BC}$는 평행이다. 이와 같은 결론을 통해, $\angle A$와 $\angle B$는 다른 한 직선으로 잘린 두 직선의 같은 쪽의 내각이므로, 이 두 각의 크기의 합은 $180°$인 것을 알 수 있다.

여기서 우리가 생각해야 할 문제가 하나 더 있다.

점 C가 움직일 때, $\triangle ABC$의 모양에는 어떤 변화가 생길까? $\angle A+\angle B+\angle C$의 값은 변하지 않을까?

$\overline{AC}$에 평행한 직선 l이 $\overline{AB}$와 만나는 교점을 점 D, $\overline{BC}$와의 교점을 점 E라 하자. 직선 l을 평행이동 시키면 $\triangle BDE$의 모양에 변화가 생긴다. 두 직선이 평행일 때, 동위각의 크기는 서로 같으므로 $\angle BDE=\angle A$, $\angle BED=\angle C$이다. $\triangle BDE$의 모양이 어떻게 변하든, $\angle A+\angle B+\angle C$의 값은 $\angle BDE+\angle B+\angle BED$와 같다. 이것은 삼각형의 모양이 바뀌더라도 삼각형 내각의 크기의 합은 변하지 않는다는 것을 말해준다. 바꿔 말하면, 모든 삼각형의 내각의 크기의 합은 항상 180°이다.

MATH TALK

운동변화에 따른 결과를 분석하는 것은 수학에서 자주 사용하는 사고 문제의 해결 방법이다. 여러분도 이런 방법으로 다음의 문제를 생각해 보길 바란다.

사각형, 오각형, n각형($n\geq 3$)의 내각의 크기의 합은 얼마일까?

두 함수의 관계 :
왼쪽은 더하고 오른쪽은 뺀다?

왼쪽은 더하고 오른쪽은 뺀다

이 표현은 함수 $y=f(x)$, $y=f(x+a)$, $y=f(x-a)$ 그래프 간의 평행이동 관계를 말한다. 아래에서 $a>0$인 경우를 예로, 그 의미를 생각해 보자.

$y=f(x+a)$는 $y=f(x)$와 비교했을 때 괄호 안의 식이 $x+a$로, '더한다'라는 의미가 내포되어 있는 함수 표현이다. 결론적으로 함수 $y=f(x+a)$의 그래프는 $y=f(x)$의 그래프를 x축의 음의 방향 즉, 왼쪽으로 a만큼 이동한 것으로 '왼쪽은 더한다'라고 표현하겠다.

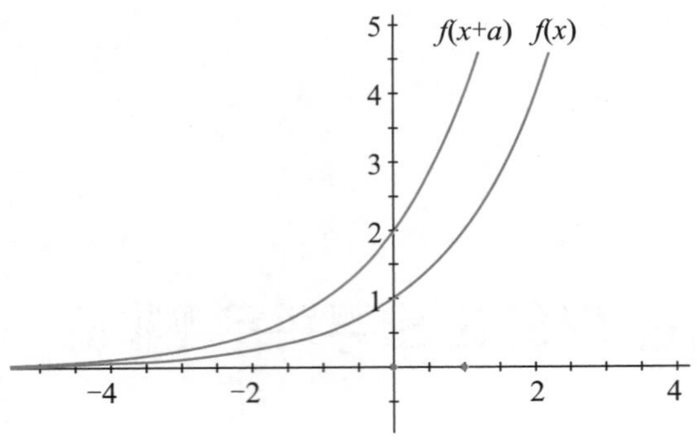

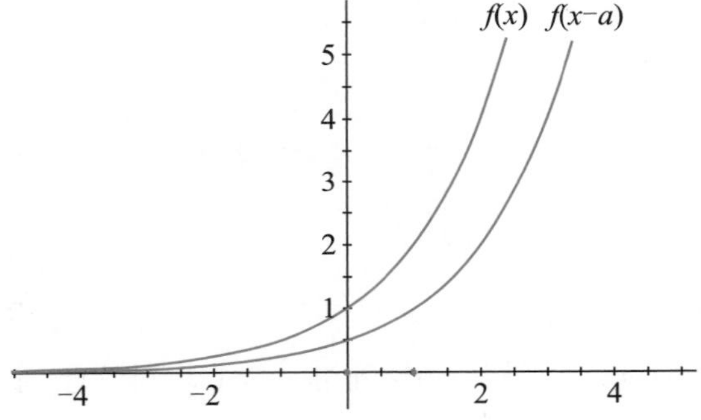

$y=f(x-a)$는 위와 같은 방법으로 함수 $y=f(x)$의 그래프를 x축의 양의 방향으로 이동시킨 것이다. 따라서 오른쪽으로 a만큼 이동한 것에 대해 '오른쪽은 뺀다'라고 표현할 수 있다.

둘을 합쳐 '왼쪽은 더하고 오른쪽은 뺀다'가 되는 것이다.

함수 $y=f(x)$와 함수 $y=f(x+a)$, $y=f(x-a)$는 어떤 관계가 있을까?

함수 $y=f(x)$가 x를 변수로 할 때, $y=f(x+a)$도 x가 변수이다.

두 함수의 관계를 분석하기 위해 변수 x와 함숫값이 같도록 할 것이다. 두 함수가 대응하는 변수 x 사이에는 어떤 관계가 있는지 확인해 보자.

함수 $y=f(x)$가 변수 x를 취하면, 함수 $y=f(x+a)$의 변수 x는 $x-a$를 취해야만 대응하는 두 함숫값이 서로 같아진다. 이것이 바로 $y=f(x)$와 $y=f(x+a)$ 사이의 관계이다. 함수 $y=f(x)$의 그래프에서 변수 $x-a$가 대응하는 점은 $(x-a,\ 0)$으로 x축 위의 점이다. 변수 x가 대응하는 점도 $(x,\ 0)$으로 x축 위의 점이다. 그러므로 $(x-a,\ 0)$은 $(x,\ 0)$에서 왼쪽으로 a만큼 떨어진 지점이다. 그래서 함수 $y=f(x+a)$의 그래프는 함수 $y=f(x)$의 그래프보다 왼쪽으로 a만큼 떨어져 있다.

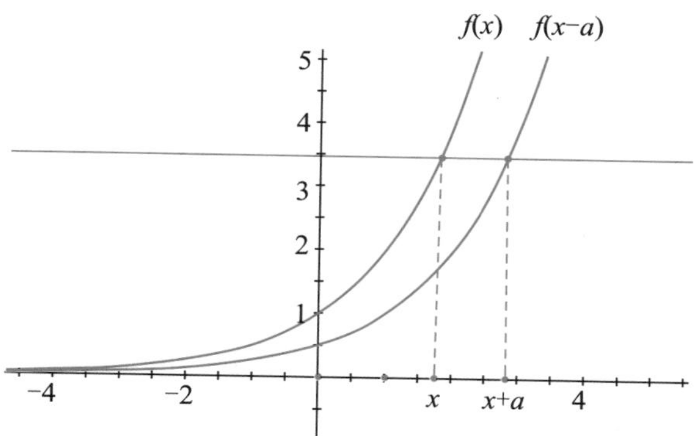

같은 방법으로, 함수 $y=f(x)$가 변수 x를 취하면, 함수 $y=f(x-a)$의 변수 x는 $x+a$를 취해야 대응하는 두 함숫값이 서로 같아진다. 이것이 바로 $y=f(x)$와 $y=f(x-a)$ 관계이다. 함수 $y=f(x)$의 그래프에서 변수 x가 취하는 $x+a$에 대응하는 점은 $(x+a, 0)$으로, x축 위의 점이다. 변수 x가 대응하는 점도 $(x, 0)$으로 x축 위의 점이다. 그러므로 $(x+a, 0)$은 $(x, 0)$에서 오른쪽으로 a만큼 떨어진 지점이다. 따라서 함수 $y=f(x-a)$의 그래프는 함수 $y=f(x)$의 그래프보다 오른쪽으로 a만큼 떨어져 있다.

MATH TALK

'왼쪽은 더하고 오른쪽은 뺀다'라는 결론만을 외우고 있다면 우리가 공부한 수학지식의 폭은 얕아질 수밖에 없다. '왜 이런 결론이 나왔는가'에 대한 전반적인 흐름을 이해할 때 수학 공부는 더욱 명쾌해진다. 그리고 이러한 수학적 사고를 바탕으로 수학 공부의 재미와 가치는 더해질 수 있을 것이다.

함수 $y=f(x+a)$와 $y=f(x-a)$의 관계

이 문제에 대해 고민 없이 바로 함수 $y=f(x+a)$와 $y=f(x-a)$는 직선 $x=a$에 대하여 대칭이라고 말하는 학생들이 많다. 그런데 이 대답은 틀렸다.

두 함수의 관계를 분석하지 않거나 함수식 자체만 보고 임의로 판단했기 때문이다. 이런 해석은 논리가 빠진 대답으로 오류를 범하는 원인이 된다.

> 함수 $y=f(x)$가 $f(a+x)=f(a-x)$를 만족하면
> $y=f(x)$는 어떤 성질을 가질까?

그래프에서 두 함수의 관계를 생각해 보면, 함수 $y=f(a+x)$와 $y=f(a-x)$의 그래프는 y축$(x=0)$ 대칭이다.

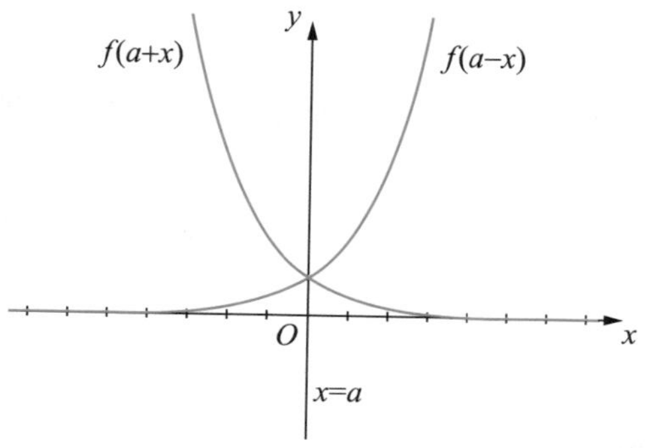

$f(a+x)=f(a-x)$를 만족하는 함수 $y=f(x)$는 변수 x가 취하는 값 $a+x$, $a-x$의 합이 $2a$가 될 때, 각각에 대응하는 함숫값도 서로 같다. $a+x$, $a-x$가 대응하는 값 또한 a를 중점으로

하는 x축 위의 두 값에 대한 y값으로 서로 같다. 따라서 함수 $y=f(x)$의 그래프는 직선 $x=a$와 대칭이다.

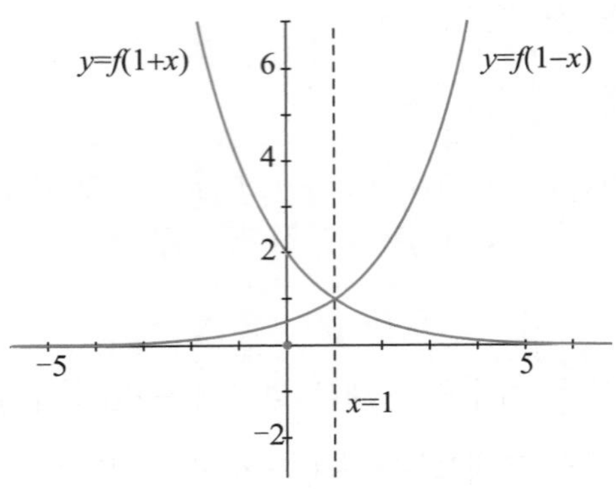

문제

함수 $y=g(x)$와 $f(x)=\sqrt{3}\,sin\left(\frac{\pi}{4}x-\frac{\pi}{3}\right)$의 그래프가 직선 $x=1$에 대하여 대칭이고, $x\in\left[0,\ \frac{4}{3}\right]$일 때, $y=g(x)$의 최댓값을 구하여라.

분석

이 문제의 핵심은 '두 함수의 그래프가 직선 $x=1$에 대하여 대칭이다'의 기하 특징을 어떻게 이해하느냐에 있다.

① 두 함수의 대수 특징으로 이해하기

두 함수 $y=g(x)$와 $f(x)=\sqrt{3}\,sin\left(\frac{\pi}{4}x-\frac{\pi}{3}\right)$의 그래프가 직선 $x=1$에 대하여 대칭이라는 사실로부터, 함수 $y=g(x)$의 변량이 x일 때 함수 $y=f(x)$의 변량은 $2-x$를 취한다. 이때 대응하는 두 함숫값은 서로 같고, $g(x)=f(2-x)$이다. 이 식으로 함수 $y=g(x)$의 식을 구할 수 있으며 $x\in\left[0,\ \frac{4}{3}\right]$일 때, $y=g(x)$의 최댓값을 알 수 있다.

② 두 함수의 기하 특징으로 이해하기

두 함수 $y=g(x)$와 $f(x)=\sqrt{3}\,sin\left(\frac{\pi}{4}x-\frac{\pi}{3}\right)$의 그래프가 직선 $x=1$에 대하여 대칭이므로, $x\in\left[0,\ \frac{4}{3}\right]$일 때, $y=g(x)$의 최댓값 또한 $\left[0,\ \frac{4}{3}\right]$에서 $x=1$에 대칭인 구간에 있어야 한다.

따라서 $x\in\left[\frac{2}{3},\ 2\right]$일 때, 함수 $f(x)=\sqrt{3}\,sin\left(\frac{\pi}{4}x-\frac{\pi}{3}\right)$의 최댓값을 구하는 문제가 해결된다.

MATH TALK

'왼쪽은 더하고 오른쪽은 뺀다'에 대한 본질적인 분석을 해 보았다. 두 함수의 관계를 연구하면서 우리는 두 함수가 무엇을 변량으로 취하는지, 그것들 간에 어떤 관계가 있을 때 대응하는 함숫값이 같게 되는지를 알게 되었다. 두 함수의 그래프 사이의 관계를 이해함으로써 함수의 본질을 파악할 수 있다.

함수의 성질 :

부호와 그래프에 숨겨진 생각

함수 $y=f(x)$는 기함수이다

MATH POINT

함수 $y=f(x)$의 정의역을 D라고 하자. 영역 D에서 임의의 점 x에 대하여, $f(-x)=-f(x)$를 만족하는 $-x\in D$가 항상 존재할 때, 이 함수를 **기함수**라고 한다.

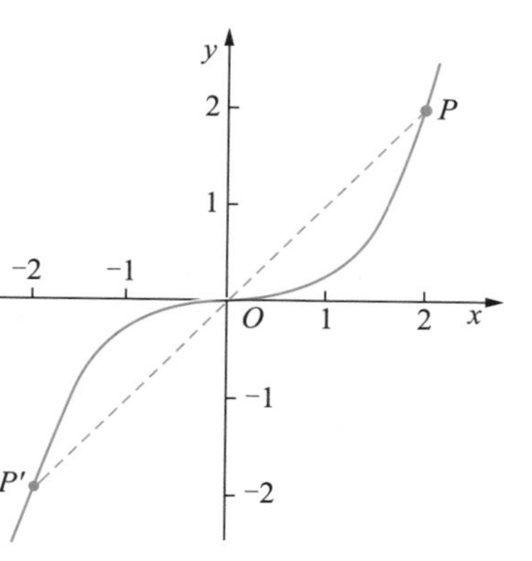

함수 $y=f(x)$가 기함수라는 것은 $f(x)+f(-x)=0$이 표현하는 대수 특징으로 함수의 두 변수 x와 y의 관계라고 할 수 있다. 즉, 함수 $y=f(x)$가 취하는 두 변량 x와 $-x$의 합은 0이므로 대응하는 두 함숫값 $f(x)$, $f(-x)$의 합도 0이다.

기함수 $y=f(x)$의 그래프는 어떻게 원점대칭과 관련이 있을까?

기함수 $y=f(x)$는 $f(x)+f(-x)=0$을 만족한다. 좌표평면에서 점 $(x, f(x))$와 점 $(-x, f(-x))$가 모두 함수 $y=f(x)$ 위의 점으로 두 x좌표 x, $-x$의 중점좌표는 0, y좌표 $f(x)$, $f(-x)$의 중점좌표도 0이다. 이것은 $y=f(x)$의 그래프가 원점 (0, 0)에 대칭이라는 것을 말해준다.

기함수 개념을 다음과 같이 3단계로 나누어 이해해 보자.

① **대수 특징 이해** : 함수 $y=f(x)$에서 x의 변화는 두 값의 합이 0이 되도록 취한다. 또한 서로 상반된 두 변량이 각각 대응하는 함숫값도 서로 상반되는 값으로 합이 0이 된다. 대수 특징은 직접 언급할 필요는 없다. 수학 언어(기호나 식) 또는 그래프 특징으로 표현된다.

② **수학 언어(기호나 식)** : 합이 0이 되는 두 변량에 대하여, 일

반적으로 x, $-x$로 표현해도 되고 합이 0임을 만족하기만 하면 된다. 임의의 표현 형식을 빌려도 무방하다. 만약 하나의 변량이 $1-x$라면 다른 하나는 $x-1$이면 된다. 대응하는 함숫값의 합 또한 0으로 즉, $f(x)+f(-x)=0$ 또는 $f(1-x)+f(x-1)=0$이다.

여기서 주의할 점은, 수학 문제를 기호 또는 식으로 표현하는 것은 추상적이지만 그에 따른 수학적 함의는 정확하게 이해하고 있어야 한다는 것이다.

③ **그래프 특징의 이해** : 여기에서는 변수 x와 y의 기하 특징을 이해해야 한다. 합이 0이 되는 두 변량의 기하 함의는 x축 위의 두 x좌표의 중점이 0에 대응되는 동점이다. 두 함숫값도 두 동점의 y좌표로 그들의 합도 0이다. 그래서 기하 함의는 두 x좌표의 중점이 0이라는 것이다. 반대로, 만약 주어진 함수 $y=f(x)$의 그래프가 원점 (0, 0)에 대하여 대칭이라면 대칭 중심의 x좌표 및 y좌표도 0으로, 함수 그래프 위에는 두 x좌표의 대응값의 중점이 0인 것을 알 수 있고 두 y좌표의 중점 역시 0이다. 그러므로 함수 $y=f(x)$는 합이 0이 되는 두 변수 x, y의 관계이다.

함수 $y=f(2x-1)$이 기함수라면 수학 언어로 어떻게 표현할까?

이것은 합성함수로서 안에 속해 있는 일차함수는

$g(x)=2x-1$이고 밖의 함수는 함수 $y=f(x)$이다. x값의 변화에 따라 $g(x)=2x-1$이 변하면 $y=f(2x-1)$도 변한다. 그러므로 $y=f(2x-1)$은 x를 변수로 하는 함수라고 말할 수 있다.

그렇다면, 기함수의 개념에서 $y=f(2x-1)$은 합이 0이 되는 두 변량 x와 $-x$를 취한다. 대응하는 함숫값은 $f(2x-1)$, $f(-2x-1)$로 합이 0이 된다. 즉, $f(2x-1)+f(-2x-1)=0$으로 나타낼 수 있다.

MATH TALK

임의의 함수에 대해 우선 고려해야 하는 것은 주어진 함수의 변수가 무엇이냐는 것이다.
어떤 학생은 함수 $y=f(2x-1)$에서 $2x-1$을 변수로 착각한다. 그러면, $y=f(2x-1)$은 기함수를 나타내는 식 $f(2x-1)+f(-2x+1)=0$으로 잘못 쓰게 되고, 어떻게 풀어야 할지 몰라 막막할 것이다.

함수 $y=f(x)$가 $f(a+x)+f(a-x)=2b$를 만족한다면 $y=f(x)$의 성질은 무엇일까?

$f(a+x)+f(a-x)=2b$를 만족하는 함수 $y=f(x)$의 특징은 함수 $y=f(x)$의 변수 x가 취하는 두 변량 $a+x$, $a-x$의 합이 $2a$이고 대응하는 함숫값의 합이 $2b$라는 것이다.

위의 특징으로 이 함수의 그래프 특징을 알 수 있다. 즉, 함수

$y=f(x)$는 두 x좌표의 중점이 a, 대응하는 두 y좌표의 중점이 b임을 알 수 있다. 또한, 이 함수 그래프 위에는 항상 이런 두 점 $(a+x, f(a+x))$, $(a-x, f(a-x))$가 있고, 이 두 점의 x좌표의 중점이 a이며, 대응하는 두 y좌표의 중점도 b임을 알 수 있다. 그러므로 $y=f(x)$의 그래프는 점 (a, b)에 대하여 대칭이다.

$$y=f(x) \quad (a-x,\ a+x)$$

함수 $y=f(2x-1)$의 그래프가 점 $\left(\frac{1}{2}, -1\right)$에 대하여 대칭일 때, 대응하는 식을 어떻게 표현할 수 있을까?

함수 $y=f(2x-1)$의 그래프 특징은 점 $\left(\frac{1}{2}, -1\right)$에 대하여 대칭이기 때문에, 함수 $y=f(2x-1)$의 두 x값의 합이 1이고 각각에 대응하는 함숫값의 합은 -2이다. 합이 1인 두 변량을 x, $1-x$를 써서 표현하면 대응하는 식은

$f(2x-1)+f[2(1-x)-1]=-2$ 즉, $f(2x-1)+f(1-2x)=-2$와 같이 쓸 수 있다.

$$y=f(2x-1) \quad (x,\ 1-x)$$

함수 $y=f(x)$는 우함수이다.

MATH POINT

함수 $y=g(x)$의 정의역을 D라고 하자. 영역 D에서 임의의 점 x에 대하여, $g(-x)=g(x)$를 만족하는 $-x\in D$가 항상 존재할 때, 이 함수를 **우함수**라고 한다.

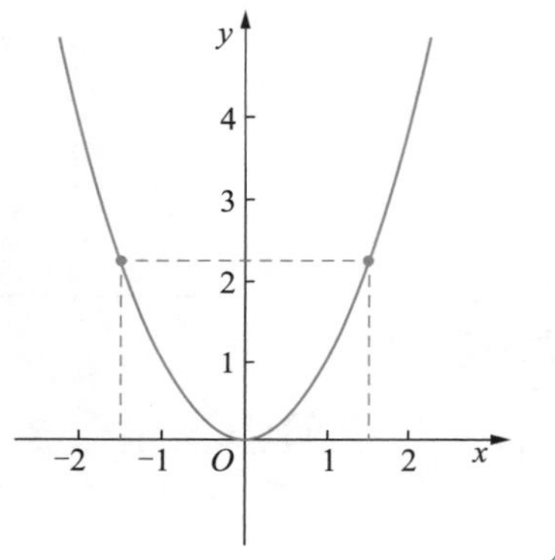

만약 함수 $y=f(x)$가 우함수라면, 함수 $y=f(x)$가 취하는 두 변량은 서로 상반되는 값으로, 수학 언어로 표현되는 대수 특징은 x와 $-x$이다. 대응하는 함숫값이 각각 $f(x)$와 $f(-x)$로 서로 같고 이것이 $y=f(x)$가 우함수인 가장 본질적인 특징이다.

그래프의 특징에서 $f(x)=f(-x)$의 기하 특징은 $y=f(x)$의 그래프는 두 점 $(x, f(x))$, $(-x, f(-x))$을 항상 가진다는 것이다. 두 점에서 x좌표의 중점이 0일 때, 대응하는 두 y좌표는 항상 같다. 그러므로, 우함수 $y=f(x)$의 그래프는 직선 $x=0$에 대하여 대칭이고 y축에 대해서도 대칭이다.

함수 $y=f(x)$가 $f(a+x)=f(a-x)$를 만족한다면,
$y=f(x)$의 성질을 어떻게 이해할 수 있을까?

① $f(a+x)=f(a-x)$가 나타내는 것: $a+x$, $a-x$는 함수 $y=f(x)$의 변수 x가 취하는 두 변량으로, 이 두 변량의 합은 $2a$이고 대응하는 함숫값 $f(a+x)$와 $f(a-x)$는 서로 같다.

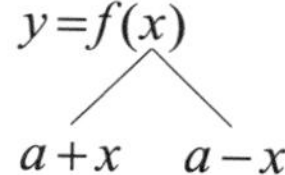

② $f(a+x)=f(a-x)$를 만족하는 함수 $y=f(x)$의 그래프 특징: 함수 $y=f(x)$ 그래프 상에 x좌표의 중점이 a가 되는 두 점이 항상 존재하고 대응하는 y값은 서로 같다. 그러므로 함수 $y=f(x)$ 그래프는 직선 $x=a$에 대하여 대칭이다. 같은 방법으로, 만약 함수 $y=f(x)$가 $f(1-x)=f(x-1)$을 만족한다면 이때 대수 특징은 함수 $y=f(x)$의 두 변량 x의 합이 0인 서로 다른 값 $1-x$, $x-1$을 취할 수 있다. 이것이 대응하는 함숫값은 서로 같고 그래프 특징은 y축 대칭이다.

함수 $y=f(x)$의 그래프가 점 (1, 1)에 대하여 대칭이라면, 수식으로 어떻게 나타낼 수 있을까?

함수 $y=f(x)$의 그래프가 점 (1, 1)에 대하여 대칭이라는 것은 이 함수에서 두 변량의 합이 2인 두 개의 값이 대응하는 함숫값 또한 2가 된다는 것이다.

두 변량을 x, $2-x$로 표현한다면, 즉 대응하는 식은 $f(x)+f(2-x)=2$이다. 만약 함수의 두 변량이 $1+x$, $1-x$라면 대응하는 식은 $f(1+x)+f(1-x)=2$가 된다.

함수 $f(x)=(1-x^2)(x^2+ax+b)$의 그래프가 직선 $x=-2$에 대하여 대칭일 때, $y=f(x)$는 어떻게 정할 수 있을까?

함수 $f(x)$의 그래프는 직선 $x=-2$에 대하여 대칭임을 알고 있으므로 이 함수에서 두 변량이 취하는 값의 합은 -4이고 두 값에 대응하는 함숫값은 서로 같다. 함수식 $f(x)=(1-x^2)(x^2+ax+b)$에서 함수 $y=f(x)$가 0이 되는 x값은 $x=1$ 또는 $x=-1$이고 다시 말해 이때의 함숫값은 모두 0이다. 그러나 분명한 것은 두 변량 1, -1의 합은 결코 -4가 아니라는 것이다. 그러므로 함수 $f(x)$가 0이 되도록 하는 x값이 더 있다는 것을 알 수 있다. 하나는 1에 -4를 더한 -3이고, 다른 하나는 -1에 -4를 더

한 -5이다. 이에 함수 $f(x)$는 $x=-3$ 또는 $x=-5$에서 0이 된다고 말할 수 있다.

그러므로 $x^2+ax+b=0$은 두 근 $x=-3$ 또는 $x=-5$를 가진다. 근과 계수와의 관계에 의하여, $a=8$, $b=15$이므로 결론적으로 함수 $y=f(x)$의 모양이 결정된다.

> 함수 $y=f(2x+1)$이 실수 R에서 정의된 우함수일 때, $y=f(2x)$의 대칭축은 어떻게 구할 수 있을까?

함수 $y=f(2x+1)$이 실수 R에서 정의된 우함수이므로 이 함수의 x값이 취하는 두 변량의 합이 0일 때, 대응하는 함숫값이 서로 같다. 이를 식으로 표현하면 $f(2x+1)=f(-2x+1)$이다.

그렇다면 함수 $y=f(2x)$의 대칭축이 뜻하는 것은 무엇일까? 이 함수의 특징을 분석하려면, 이 함수의 변량 x가 취하는 두 값이 어떤 모양일 때 대응하는 함숫값이 서로 같을지 생각해야 한다. $f(2x+1)=f(-2x+1)$을 $f\left[2\left(x+\frac{1}{2}\right)\right]=f\left[2\left(-x+\frac{1}{2}\right)\right]$로 생각하면 $y=f(2x)$의 두 변량 x는, $x+\frac{1}{2}$과 $-x+\frac{1}{2}$ 이 두 값을 취한다고 볼 수 있고 대응하는 두 함숫값은 서로 같으므로, 함수 $y=f(2x)$의 대칭축은 $x=\frac{1}{2}$ 이다.

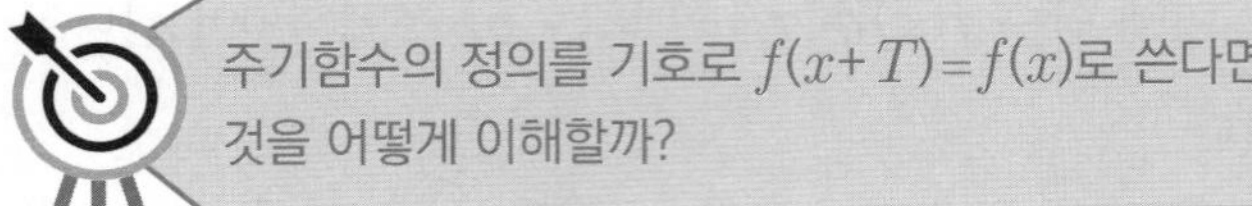

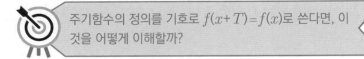

MATH POINT

함수 $y=f(x)$에 대하여 0이 아닌 상수 T가 존재하고 정의역의 각 원소 x에 대하여 $f(x+T)=f(x)$가 성립할 때, 이 함수 $f(x)$를 주기함수라고 하고 0이 아닌 상수 T를 이 함수의 주기라고 한다.

정의에서 $f(x+T)=f(x)$의 대수 특징은 함수 $f(x)$의 서로 다른 두 변량이 $x+T$와 x일 때 함숫값이 서로 같다. 기하 특징은 두 x좌표 값의 차가 $\pm T$일 때, y좌표 값이 서로 같다. 그러므로, x값의 간격 $|T|$의 구간 안에 있는 함수 그래프는 중복해서 나타난다.

한 변의 길이가 1인 정사각형 $PABC$가 x축을 따라 굴러갈 때, 점 $P(x, y)$의 자취방정식을 $y=f(x)$라고 하자. $f(x)$의 주기는 얼마일까?

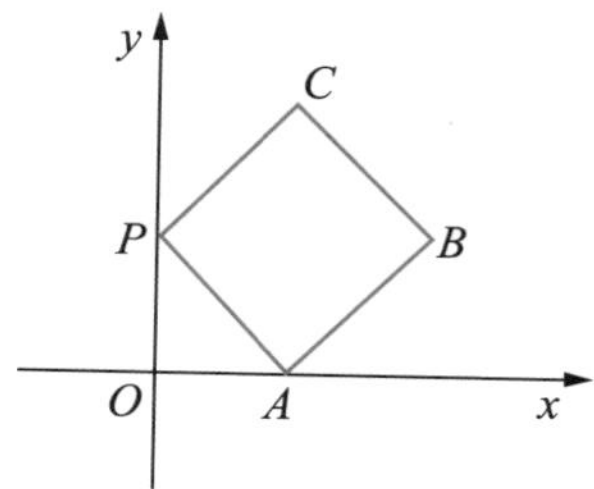

정사각형 $PABC$의 주기는 4이다. 만약 '정사각형 $PABC$가 x축을 따라 굴러간다'가 한 주기를 의미한다면, 길이는 정확히 4이다. 즉, x가 $x+4$로 변할 때, 함숫값은 항상 서로 같다. 따라서 $f(x)$의 주기는 4임을 알 수 있다. 이런 문제를 접했을 때 많은 학생들이 '어떻게 주기를 계산할까'에 초점을 맞춰 사인 또는 코사인 함수에서 주기공식 $T=\frac{2\pi}{\omega}$를 생각하기에 이른다. 그러나 이것은 주기함수의 개념으로 분석하는 것이 아니라, 함수의 주기를 이해해야 하는 문제다.

MATH TALK

수학 개념을 이용해 수학 문제를 생각할 수 있으며 수학 개념을 자기 것으로 소화할 때, 수학적으로 사고한다고 말할 수 있다.

함수 $y=f(x)$가 $f(1+x)=f(x-1)$을 만족한다면, $y=f(x)$는 어떤 성질을 가질까?

$$y=f(x)$$

$$1+x \quad x-1$$

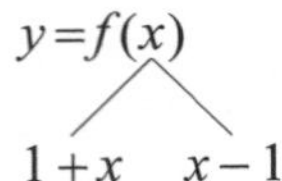

$f(1+x)=f(x-1)$에서 x는 서로 다른 두 값 $1+x$, $x-1$을 취하고 이 두 변량의 대수 특징은 상수가 아니며 차이는 2 또는 -2이다. 기하 특징은 이 두 값이 x축 위에서 임의의 값의 중점의 좌표가 아니고 차이가 2인 선분에 대응하는 두 좌표값이다. 그래서 차이가 2 또는 -2인 두 변량이 대응하는 함숫값이 서로 같다는 것이다. 함수의 주기성의 개념에 근거하여 함수 $y=f(x)$는 주기가 2인 함수임을 알 수 있다.

MATH TALK

추상적인 수학 언어에서부터 직관적인 함수 그래프의 특징까지, 간단해 보이지만 대수 특징을 이해하는 것은 곧 함수적 사고를 하는 것이다. 따라서 대수 특징이 없는 그래프는 생명력이 없는 것이나 마찬가지이다.

상상의 나래를 펼쳐라 :

생각으로 가득 찬 정육면체

우리는 이미 정육면체가 어떻게 생긴 입체도형인지 잘 알고 있다. 이번 학습으로 이제 여러분은 정육면체를 머릿속으로 생각하기 시작할 것이다.

1. 정육면체를 상상하라

(1) 정육면체 상상하기 1 – 면

상상력을 충분히 발휘하여, 아래 질문에 답해 보자.

Q1 : 여러분의 머릿속에 있는 정육면체는 어떤 모양인가?

Q2 : 정육면체는 어떤 모양의 면으로 이루어져 있는가?

Q3 : 이런 면들이 어떻게 둘러싸여 있는가?

Q4 : 수학의 관점에서 이 6개의 면은 크기가 같고 완전히 포개어진다. 그렇다면, 그 면들은 또 어떤 위치관계가 있는가?

얻을 수 있는 논의 결과

- 정육면체는 대칭성을 가진 입체도형으로 보인다.
- 정육면체는 6개의 크기가 서로 같은 정사각형으로 둘러싸여 있는 특수한 육면체이다.
- 6개의 정사각형은 서로 연결되어 있다.
- 각 면은 모두 4개의 면과 이웃하고, 이웃하는 면과는 서로 수직이다.
- 3쌍의 마주 보는 면은 서로 평행하다.

MATH TALK

임의의 입체도형은 모두 면으로 둘러싸여 있다. 어떤 입체도형을 이해하는 것은 정육면체를 이해하는 것과 같은 것으로, 모두 정육면체를 기본으로 한다. 그러므로, 우선적으로 봐야 하는 것은 입체도형을 둘러싸고 있는 면이다. 우리는 면의 모양에 관심을 두고 면과 면 사이의 위치 관계에 주목해야 한다.

(2) 정육면체 상상하기 2 – 모서리와 꼭짓점

우리는 면과 면이 만나 선을 이룬다는 것을 알고 있다. 정육면체에서 서로 이웃하는 두 면의 공통변을 모서리라 부르고, 모서리와 모서리의 공통점을 정육면체의 꼭짓점이라고 부른다.

Q5 : 정육면체의 모서리는 몇 개인가? 여러분은 모서리의 개

수를 어떻게 세어보았는가?

Q6 : 정육면체의 꼭짓점은 몇 개인가?

얻을 수 있는 논의 결과

- 정육면체의 6개 면은 모두 정사각형이고 각 정사각형은 4개의 변을 가진다. 이것은 곧, 정육면체의 4개의 모서리를 말한다. 그렇다고 정육면체의 모서리는 총 4×6=24개라고 말할 수 있을까? 여러분은 각 모서리가 실제로 두 정사각형의 변이라는 것을 알아냈을 것이다. 그러므로 방금 했던 계산은 모서리를 2번씩 센 것임을 알 수 있다. 따라서 정육면체의 모서리는 모두 24÷2=12개이다.
- 정육면체는 3세트의 서로 평행인 모서리를 가진다. 정육면체에서 우선 평행인 모서리 4개를 보자. 수직인 것을 한 묶음으로 보면 4개의 모서리가 있으며, 또 한 묶음은 우리를 향하고 있는 4개의 모서리이다. 그러므로, 모두 4×3=12개의 모서리가 있다.
- 정육면체는 8개의 꼭짓점을 가진다. 각 꼭짓점에서 서로 수직인 3개의 모서리가 만난다. 각 모서리의 양 끝점은 바로 정육면체의 꼭짓점이 된다.

각자의 머릿속에 있는 정육면체를 떠올리며 한 단계 더 나아가 생각해 보자. 정육면체는 크기가 모두 같은 6개의 정사각형의 면으로 둘러싸여 있다. 이 면은 서로 수직 또는 서로 평행이다. 정육면체는 12개의 모서리, 8개의 꼭짓점을 가진다.

우리는 두 점을 이으면 선분 하나를 만들 수 있음을 안다. 다시 아래에서 모서리를 제외한 부분 즉, 정육면체 내부를 살펴보도록 하자.

(3) 정육면체 상상하기 3 – 내부를 연결한다

Q7 : 정육면체 12개의 모서리를 제외한 8개의 꼭짓점으로 만들 수 있는 선분이 있을까?

Q8 : 이런 선분을 그을 수 있다면, 어떻게 설명할 수 있을까?

Q9 : 이런 선분은 어떤 관계를 가질까? 또 이런 선분을 분명하게 그을 수 있을까?

얻을 수 있는 논의 결과

- 8개의 꼭짓점에서 동일한 면에 서로 이웃한 두 꼭짓점으로 12개의 모서리가 만들어진다.
- 서로 이웃하지 않은 꼭짓점일 때, 두 가지 상황으로 나누어 생각해 볼 수 있다. 하나는 정육면체의 각 면에서 대응하는 선분 또한 정사각형의 대각선으로, 이들은 서로를 반으로 나눈다. 모두 2개가 있으므로 6개의 면에서 이런 선분은 총 12개이다.

- 또 다른 하나는 이웃하지 않은 꼭짓점이 정육면체를 둘러싸고 있는 정사각형에 포함되지 않는 것으로, 이런 임의의 꼭짓점으로 연결된 선분은 정육면체의 내부에 있다. 이런 형태의 선분은 총 4개가 있고 그것들의 길이는 서로 같으며, 모두 한 점에서 만나고 서로 다른 선분을 반으로 나눈다. 다시 말하면, 이 점으로부터 정육면체의 각 꼭짓점에 이르는 거리는 서로 같다. 이 점은 정육면체의 중심이 되므로 우리는 그것을 정육면체의 중심이라 부를 수 있다.

(4) 정육면체 상상하기 4 – 더 많은 변화

생각 1

이 중심을 기준으로 정육면체를(사각지대 없이 앞뒤좌우 모두) 360° 회전한다고 하자. 회전하는 과정에서 정육면체의 8개의 꼭짓점이 나타내는 궤도로 새로운 입체도형이 만들어진다고 할 때, 여러분은 이 도형이 어떤 모양일지 예상할 수 있는가?

그리고 이 입체도형과 정육면체의 중심은 어떤 관계가 있을지 설명해 보자.

회전할 때, 이 8개의 꼭짓점과 중심의 거리는 항상 일정하게 유지된다. 그래서 이 8개의 점의 운동궤도는 구면이다. 정육면체는 이 구면에 딱 들어맞게 내접한다. 구의 중심은 정육면체의 대칭중심이 된다. 이 점을 정육면체의 각 꼭짓점과 연결한 선분은 구의 반지름에 해당하는 부분이다. 여러분은 이 두 입체도형의 상호 간의 위치관계를 생각해냈는가?

아래에서 계속 공간 안의 입체도형을 생각해 보자.

생각 2

정육면체는 서로 완전히 포개어지는, 크기와 모양이 같은 6개의 정사각형으로 둘러싸여 있다. 이제 우리는 반대로 생각해 보자. 이 6개의 면을 펼쳐, 정육면체를 평면도형으로 바꿔보자. 어떻게 이것이 가능할까?

여러분이 칼을 하나 가지고 있다고 가정해 보자. 정육면체의 서로 연결되어 있는 6개의 면을 잇는 모서리를 순서대로 자른다. 그러나 서로 연결된 공통변을 최소 하나는 가져야 한다. 그런 다음, 이 6개 정사각형의 면을 평면 위에 놓으면 어떤 평면도형이 만들어질까?

우리가 이런 모양의 평면도형을 정육면체의 평면전개도라고 부른다면, 여러분이 생각해낼 수 있는 서로 다른 정육면체의 평면 전개도는 모두 몇 개인가? 머릿속에서 정육면체의 전개도를 그려, 과연 몇 개나 만들 수 있을지 생각해 보자.

MATH TALK

우리는 정육면체를 실물로 가져오거나 그리지 않았지만, 여러분의 머릿속에는 저마다 떠올리는 정육면체가 있다. 수학 공부는 결국 머리를 많이 쓰는 것을 의미한다. 기하입체를 공부한다는 것 역시 마찬가지다. 입체도형의 모형을 가져다 놓거나 그림을 그리지 않아도 스스로 상상해낸 정육면체를 연구할 수 있다.

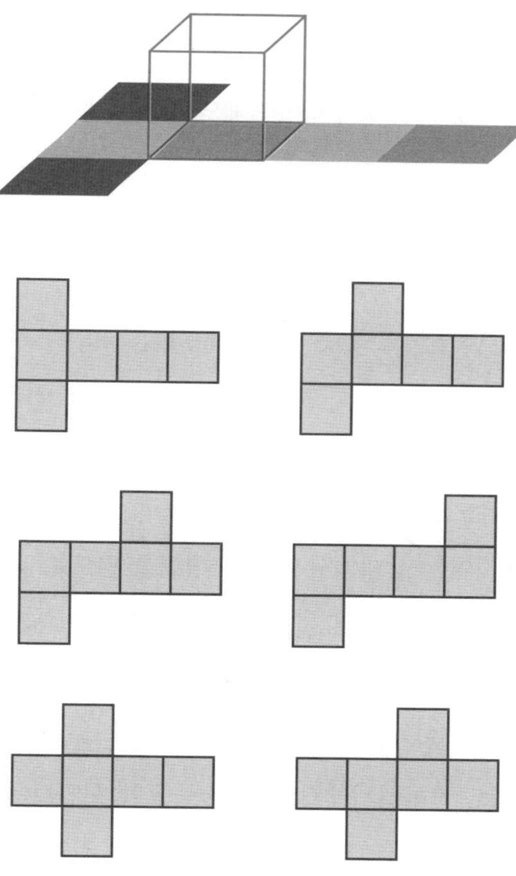

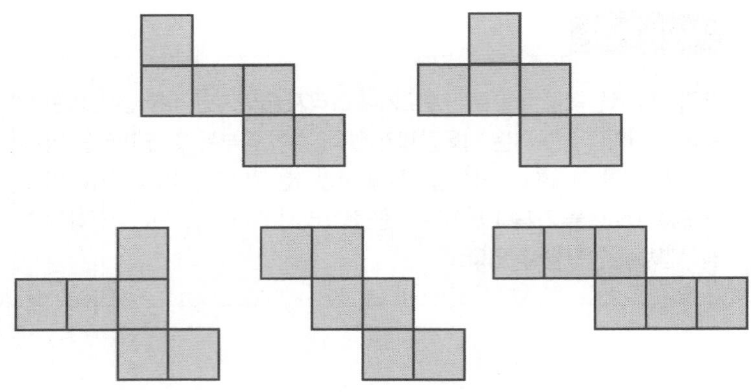

위와 같이, 모두 11개의 정육면체의 평면전개도를 그려 볼 수 있다.

2. 점은 선을 만들고, 선은 면을 만든다

기하입체는 기하원소의 성질과 그것들 간의 관계를 연구하는 것을 주 내용으로 한다. '점은 선을 만들고, 선은 면을 만든다'라는 것은 움직이는 상태에서 직선과 평면을 만드는 과정을 표현한 것이다. 이보다 더 중요한 것은 우리가 기하입체의 사고방법을 명확히 하는 것이다. 점의 위치는 서로 만나는 두 직선으로 정한다. 직선의 위치를 정하려면 서로 만나는 두 평면이 필요하다. 그러므로, 기하입체에서 다루는 중요한 포인트는 점, 직선, 평면, 그리고 그것들 간의 위치관계를 정하는 것이다.

(1) 점의 위치 정하기

면에 수직인 직선의 위치는 다음과 같이 정한다. 두 평면이 수직일 때, 두 평면 사이의 교선에 수직인 하나의 직선을 그을 수 있고 수직인 다른 평면에서도 생각할 수 있다.

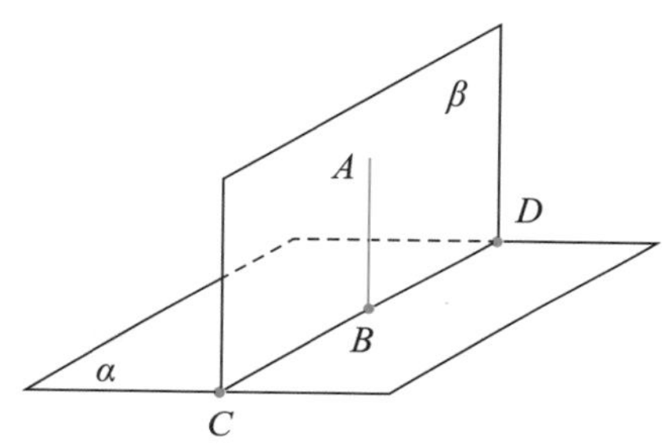

정육면체 $ABCD-A_1B_1C_1D_1$에서, 직선 A_1C와 면 DBC_1이 서로 만나는 점을 E라고 할 때, 점 E의 위치는 어떻게 정할 수 있을까?

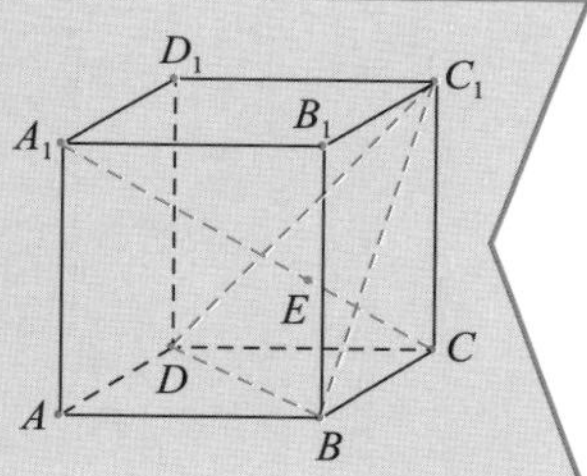

분석

점의 위치는 직선과 직선이 서로 만나는 것으로 정할 수 있다. 그림과 같이, 점 E가 직선 A_1C 위에 있고 직선 A_1C는 정육면체 $ABCD-A_1B_1C_1D_1$의 대각면 A_1ACC_1 위에 있으므로 점 E는 대각면 A_1ACC_1에 있다. 직선 A_1C와 면 DBC_1이 서로 만나는 점을 E라고 할 때, 점 E는 단면 DBC_1 위에 있으므로 점 E는 대각면 A_1ACC_1과 단면 DBC_1의 공통점이다. 직선 AC와 직선 BD가 서로 만나는 점을 점 F라고 하면 대각면 A_1ACC_1과 단면 DBC_1은 직선 C_1F에서 만난다. 두 개의 서로 다른 평면이 점 하나를 공통으로 가지면 이 점을 포함하는 한 직선을 공통으로 가진다는 평면의 기본성질로 미루어 알 수 있듯, 점 E는 직선 C_1F 위에 있다. 이렇게 점 E는 곧, 직선 A_1C와 직선 C_1F의 공통점이다. 또한, 평면 A_1ACC_1 위에 직선 A_1C와 직선 C_1F가 서로 만나서 생기는 점이 바로 점 E이다.

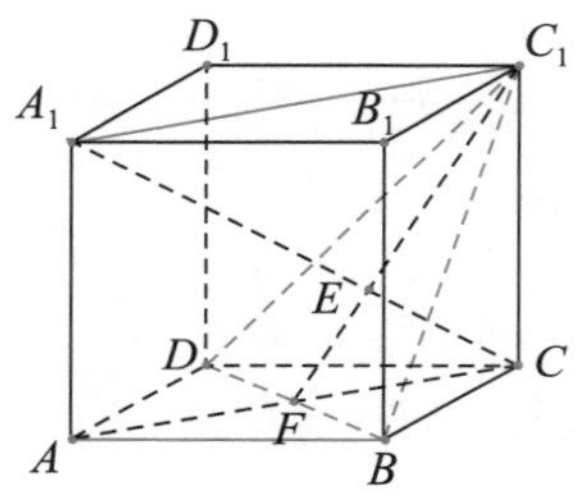

이상으로 우리는 점 E의 기하위치를 정하였다. 이것의 기하특징을 더 정확히 하기 위해서는 수량 관계를 통해 그것의 위치를 표현해 볼 수도 있다. 실제로 평면 A_1ACC_1에서 $\overline{FC} \parallel \overline{A_1C_1}$이므로 $\overline{CE} : \overline{EA_1} = \overline{CF} : \overline{A_1C_1} = 1:2$이다. 따라서 점 E는 입체대각선 $\overline{A_1C}$의 삼등분점이 된다. 정삼각형 BDC_1에서도 $\overline{FE} : \overline{EC_1} = \overline{FC} : \overline{A_1C_1} = 1:2$이므로, 점 E는 정삼각형 BDC_1의

중선 C_1F를 2 : 1로 나눈다. 그러므로 점 E는 정삼각형 BDC_1의 무게중심이다.

(2) 직선의 위치관계 정하기

공간에서 두 직선은 다음과 같이 세 가지의 위치관계가 있다.

① **평행한다.**

② **서로 만난다.**

③ **서로 다른 평면에 있다**(꼬인 위치).

직선은 기하입체도형의 면 위에 있다. 그래서 직선의 위치관계는 면과 관계되는 것이다. 평면의 기본성질에 의해, 우리는 직선 하나를 정하기 위해서는 서로 만나는 두 평면이 필요하다는 것을 알고 있다.

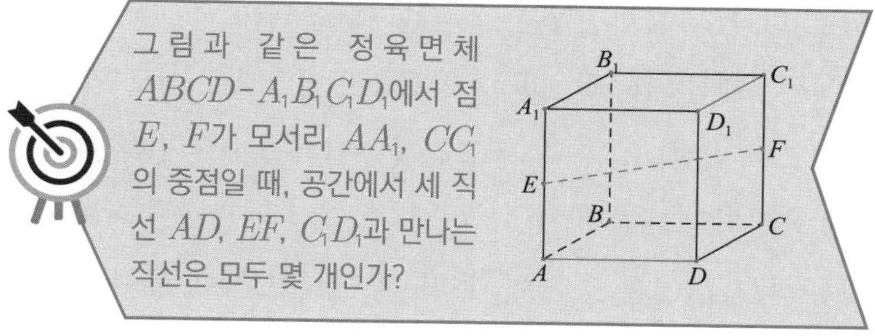

그림과 같은 정육면체 ABCD-A₁B₁C₁D₁에서 점 E, F가 모서리 AA₁, CC₁의 중점일 때, 공간에서 세 직선 AD, EF, C₁D₁과 만나는 직선은 모두 몇 개인가?
B₁
C₁
A₁
D₁
F
E
B
C
A
D

분석

보이는 대로 직선의 개수를 정하면 될까? 그렇지 않다. 공간에서 세 직선 AD, EF, C_1D_1과 만나는 직선을 찾는 것은 평면을 통해 알 수 있다. 그렇다면 이것은 어떤 기하 특징을 가진 평면일까? 단번에 대답하기는 힘들다. 정육면체에서 적당한 직선 하나를 가져와서 이 직선과 모든 평면과의 기하 특징을 살펴보며 어떤 모양의 평면일지 정해 보자.

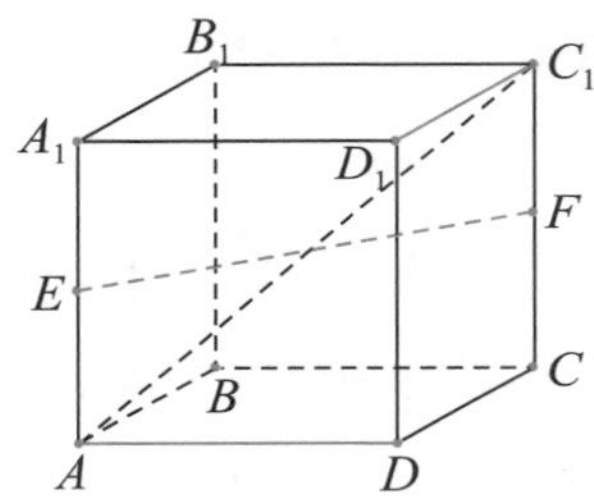

그림처럼, 정육면체의 입체대각선 AC_1과 직선 AD, D_1C_1은 서로 만나고 직선 EF는 동일한 평면 위에 있다. 대각면 A_1ACC_1에서 AC_1과 EF는 평행하지 않으므로 서로 만난다. 그러므로, 직선 AC_1은 문제 조건에 부합하는 하나의 직선이다.

정육면체의 대각면 A_1ACC_1과 세 직선의 관계를 살펴보면 직선 AD, D_1C_1은 모두 이 대각면과 만나고 직선 EF는 이 대각면의 내부에 있다.

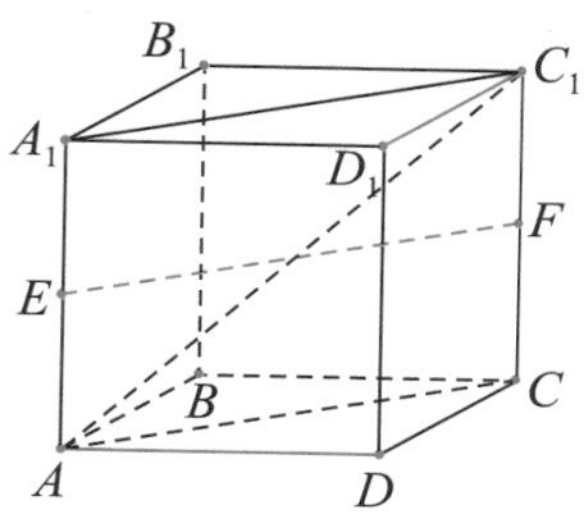

조건에 부합하는 다른 직선을 찾기 위해서는 우선 평면을 찾아야 한다. 이것은 어떤 모양의 평면일까? 앞의 분석에 의하면, 직선 EF는 반드시 이 평면 내부에 있다. 그러므로, 우리는 대각면 A_1ACC_1 위의 직선 EF를 회전하여 정육면체의 단면을 얻을 수 있다. 직선 AD, D_1C_1은 모두 이 단면과 만난다. 다른 점을 이은 직선은 이 단면 내부에 있고 그러므로 직선 EF와 반드시 만난다. 이런 단면은 정해진 것이 아니므로 조건에 맞는 직선은 무수히 많다.

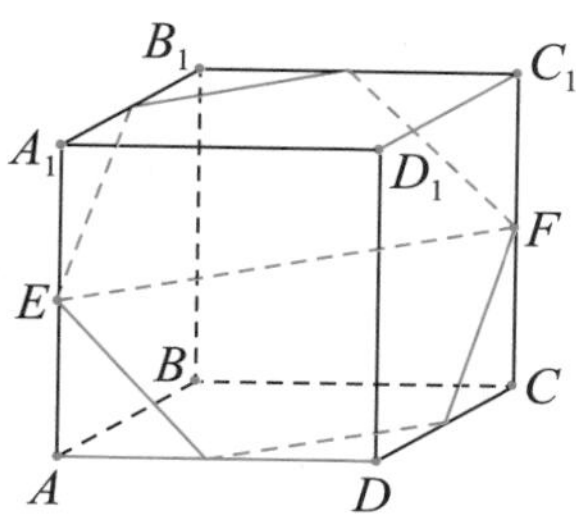

우리는 다시 다른 관점에서 분석해 볼 수 있는데, 그림과 같이

정육면체 $ABCD\text{-}A_1B_1C_1D_1$의 측면 D_1DCC_1 내부에 DF를 연장하여 그리면 직선 D_1C_1과 반드시 만나고 이것은 조건에 맞는 직선이다.

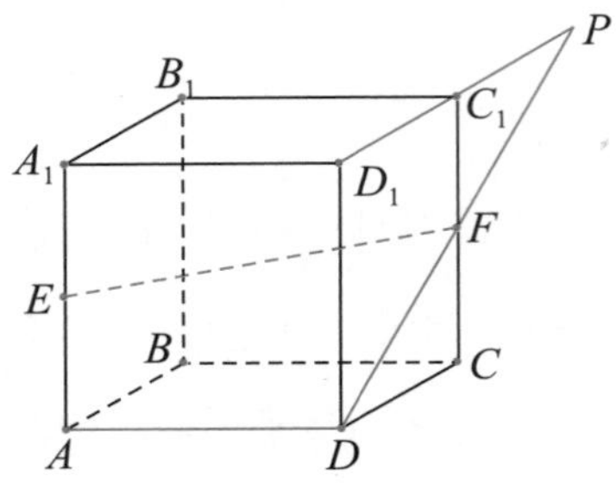

그러면, 아래 직선 하나는 어디에 있을까? 당연히 평면 하나를 찾아야 한다. 그리고 이 평면의 조건은 평면 D_1DCC_1과 비슷한 것으로, 즉 직선 C_1D_1은 이 평면 내부에 있다. 직선 AD, EF는 이 평면과 서로 만나야 한다. 그림처럼, 평면 $ABCD$ 내부에 $PQ \parallel DC$ 즉, $PQ \parallel D_1C_1$인 평면 PQC_1D_1을 정하자. 또한 직선 C_1D_1은 이 평면 내부에 있는 것으로 직선 AD, EF와 이 평면은 모두 서로 만난다. 만약 직선 EF와 평면 PQC_1D_1이 점 M에서 만나고 PM의 연장선을 그리면 이것은 반드시 직선 D_1C_1과 서로 만난다. 평면 PQC_1D_1과 유사한 평면은 무수히 많이 생각할 수 있으므로 문제의 뜻에 맞는 직선은 무수히 많다.

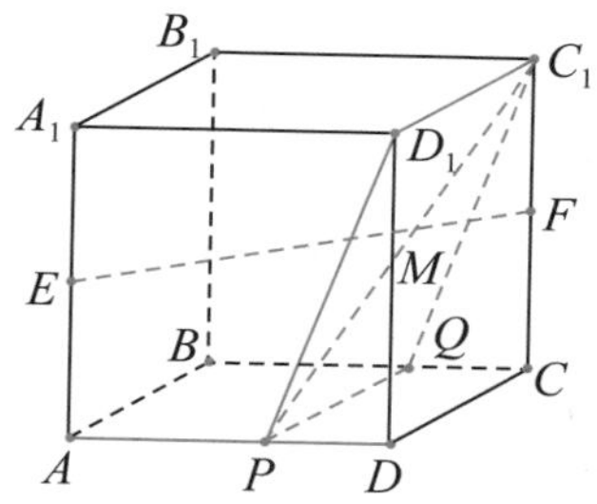

만약 D_1E를 이어 연장하면, 반드시 직선 AD와 서로 만난다. 직선 DE가 포함된 평면 A_1ADD_1 은 여러분에게 무엇을 말하고 있을까? 여러분은 이런 것을 판단할 때 무수히 많은 직선이 만족하는 문제의 뜻을 알 수 있을까?

(3) 평면 정하기

공간도형을 연구할 때, 평면은 매우 중요한 요소이다. 공간에서는 기하도형을 둘러싸고 있는 면, 단면, 평행인 평면 도형도 함께 연구해야 한다. 그러므로, 이런 평면을 정하는 것은 틀림없이 중요한 것이다. 이외에도, 점을 정하는 것은 직선에 의해서, 또한 직선은 평면으로 정할 수 있다는 관점에서 볼 때, 평면을 정한다는 의미 또한 말하지 않아도 알 수 있다.

한 모서리의 길이가 2인 정육면체 $ABCD-A_1B_1C_1D_1$에서 점 E는 BC의 중점이다. 점 P는 선분 D_1E 위의 점으로 점 P에서 직선 CC_1에 이르는 거리의 최솟값은 ______이다.

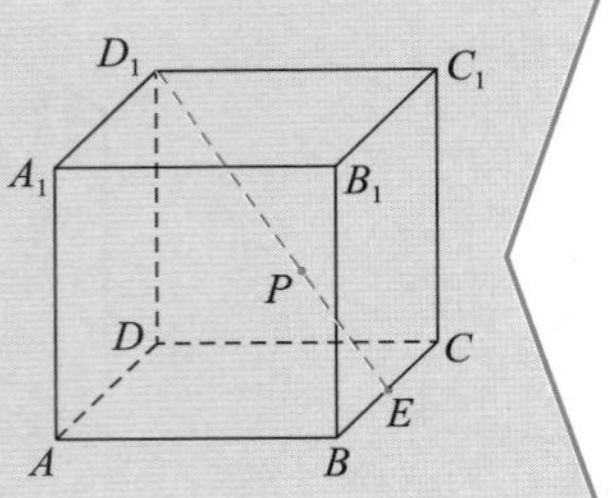

분석

이 문제는 두 직선 D_1E, CC_1과 관련된다. 문제를 편하게 연구하기 위해 우리는 그 중 한 직선을 평면 내부에 놓으려고 한다. 우선 직선 CC_1을 보자. 이 직선은 정육면체의 모서리로서 평면 D_1DCC_1 또는 평면 B_1BCC_1의 내부에 있다. 그러나 이 두 평면과 직선 D_1E는 서로 만나는 위치관계에 있고 일반적인 위치관계로 문제를 해결하는 것이 쉽지 않다. 그러면, 다시 직선 D_1E를 보자. 직선 D_1E와 D_1C_1은 서로 만나는 것으로 한 평면 D_1EC_1을 결정한다. 그러나 이 평면과 직선 CC_1은 서로 만나므로 이것 또한 특수한 위치관계가 아니다. 우리는 각도를 바꿔 보려고 한다. 직선 D_1E와 D_1D는 서로 만나는 것으로 한 평면 D_1DE를 결정하고 $D_1D \parallel C_1C$이므로 $C_1C \parallel$ 평면 D_1DE를 얻을 수 있다.

그림처럼, 점 P에서 직선 CC_1에 이르는 거리의 최솟값은 서로 다른 평면에 있는 직선 D_1E와 C_1C 사이의 거리이다. 즉,

서로 다른 평면 위의 직선에 동시에 수직인 선분의 길이이다. C_1C // 평면 D_1DE이므로 이 거리는 직선 CC_1상의 임의의 점에서 평면 D_1DE 사이의 거리이다.

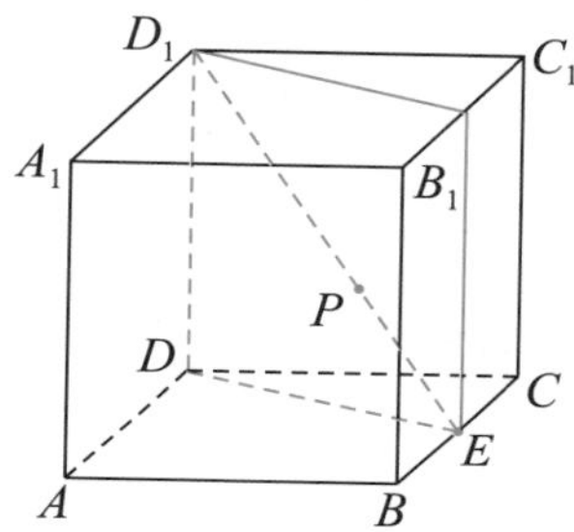

평면 D_1DE와 정육면체의 밑면 $ABCD$는 서로 수직이고 DE는 교선이 된다. 그러므로 평면 $ABCD$ 내부에서 점 C와 $\overline{CH}\perp\overline{DE}$인 점 H를 정할 수 있다. 즉, 선분 CH의 길이는 점 P에서 직선 CC_1에 이르는 최솟값이다.

삼각형 DEC에서 $\overline{DC}=2$, $\overline{EC}=1$이므로 즉, $\overline{DE}=\sqrt{5}$이다.

따라서 $\overline{CH}=\dfrac{\overline{DC}\cdot\overline{CE}}{\overline{DE}}=\dfrac{2\times1}{\sqrt{5}}=\dfrac{2\sqrt{5}}{5}$이다.

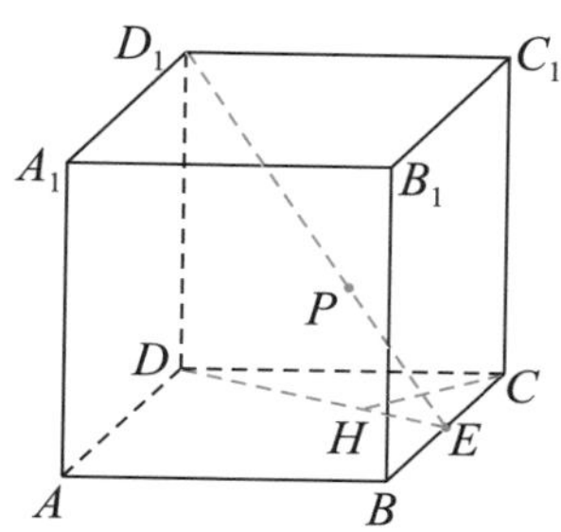

3. 정육면체와 정사면체

정사면체는 합동인 네 개의 정삼각형으로 이루어진 입체 도형으로 모든 모서리의 길이는 서로 같다. 4개의 면, 6개의 모서리, 4개의 꼭짓점을 가진다. 정사면체는 특수한 정삼각뿔이고, 정육면체는 특수한 정사각기둥으로 이들 각각은 분명한 기하 특징이 있다. 그러면, 그들 간의 어떤 특수한 위치관계와 수량관계가 있을까?

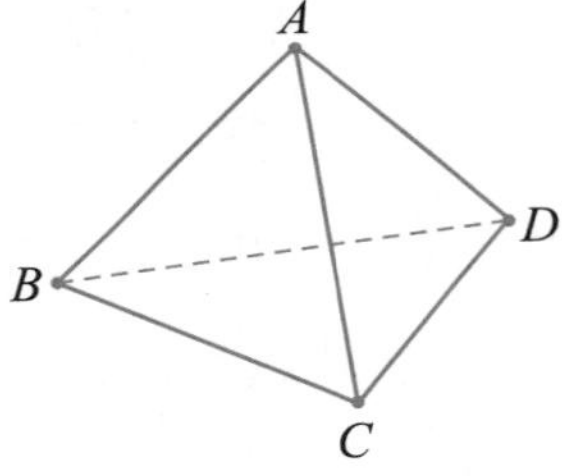

> 정육면체의 8개의 꼭짓점에서 4개를 고르면 이것은 정사면체의 꼭짓점이 될까? 이 정사면체를 한번 그려보자.

구체적인 정사면체를 그리기 전에, 상상력을 발휘해 머릿속에서 먼저 정사면체를 그려보자. 정육면체 $ABCD-A_1B_1C_1D_1$의 위 아래 두 밑면에서 두 면대각선 AC와 B_1D_1을 고른다. 이들은 서로 수직이면서 서로 다른 평면 위에 있는 두 직선이다.

여기에 AD_1, AB_1, CD_1, CB_1을 더 연결하면 상상 속의 정사면체가 완성된다.

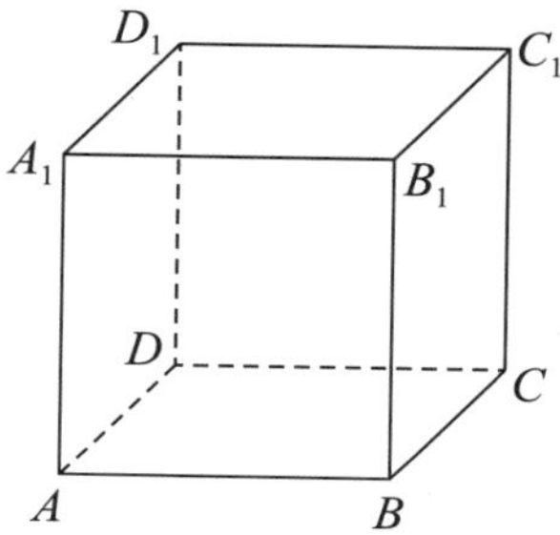

정사면체와 정육면체의 관계를 어떻게 이해할까? 앞에서 정육면체에 포함된 정사면체를 그려보면서, 여러분은 이미 두 개의 특수한 공간기하입체 간의 관계를 알아챘을지도 모른다.

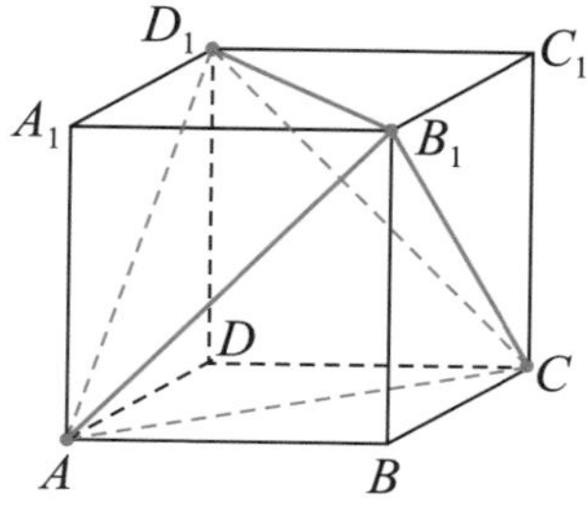

실제로, 이 사면체의 6개 모서리는 정육면체의 6개의 면대각선이다. 서로 마주보는 두 개의 모서리는 정육면체의 서로 평행한 평면 위에 있고 서로 수직이다. 정사면체의 4개의 꼭짓점도 정육면체의 꼭짓점이다. 정육면체의 외접구도 정사면체의 외접하는 구가 되며 외접하는 구의 중심도 정육면체의 대칭중심이며 동시에 정사면체의 대칭중심이 된다.

모서리의 길이가 1인 정사면체 $A-BCD$의 부피를 구하여라.

생각 1

뿔의 부피를 구하는 공식을 이용해 바로 정사면체의 부피를 구하는 것이 가장 쉬운 방법일 것이다.

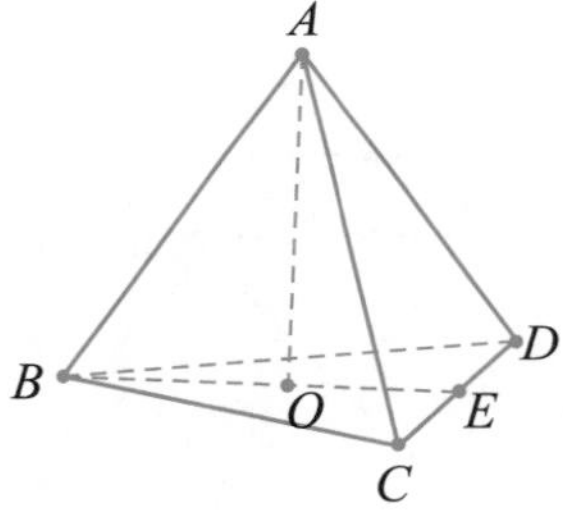

밑면인 정삼각형 BCD의 넓이는

$S=\frac{1}{2}\overline{BC}\cdot\overline{CD}\cdot\sin 60°=\frac{1}{2}\times\frac{\sqrt{3}}{2}=\frac{\sqrt{3}}{4}$ 이다.

점 A에서 밑면 BCD에 수선을 긋고, 수선의 발을 점 O라고 하면, 점 O는 정삼각형 BCD의 중심이다. 직선 BO와 CD의 교점을 점 E라고 하면, 점 E는 CD의 중점이다.

BE를 정삼각형 BCD의 중선이라고 하면

$\overline{BO} : \overline{OE} = 2:1$, $\overline{BO} = \frac{2}{3} \times \overline{BE} = \frac{2}{3} \times \frac{\sqrt{3}}{2} = \frac{\sqrt{3}}{3}$

직각삼각형 ABO에서,

$\overline{AO} = \sqrt{\overline{AB}^2 - \overline{BO}^2} = \sqrt{1 - \frac{3}{9}} = \frac{\sqrt{6}}{3}$이다.

따라서 정사면체 A-BCD의 부피

$V = \frac{1}{3} \cdot S \cdot \overline{AO} = \frac{1}{3} \times \frac{\sqrt{3}}{4} \times \frac{\sqrt{6}}{3} = \frac{\sqrt{2}}{12}$이다.

생각 2

정육면체를 전체로 보면 정사면체 A-BCD는 정육면체의 일부분이 된다.

그림과 같이 모서리의 길이가 x인 정육면체를 생각해 보자. 그러면 $2x^2 = 1$이므로, 정육면체의 모서리의 길이는 $\frac{\sqrt{2}}{2}$이다. 그러면 정사면체의 부피는 정육면체 부피에서 모서리 길이가 $\frac{\sqrt{2}}{2}$인 작은 삼각뿔 4개의 부피를 뺀 것과 같다.

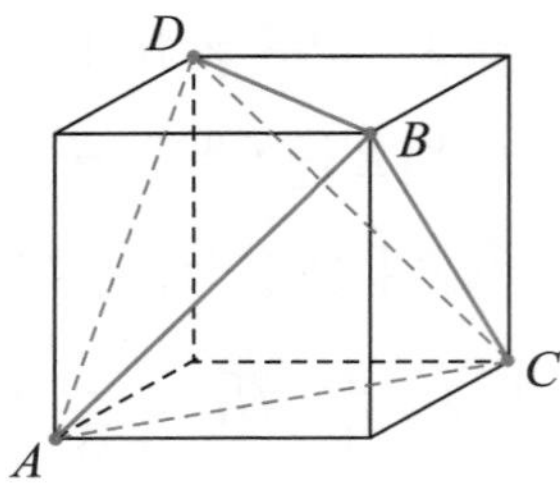

4개의 작은 삼각뿔의 부피는

$$V_1 = V_2 = V_3 = V_4 = \frac{1}{3} \times \frac{1}{2} \times \left(\frac{\sqrt{2}}{2}\right)^3 = \frac{\sqrt{2}}{24}$$ 이고,

정사면체 $A\text{-}BCD$의 부피는

$$V = \left(\frac{\sqrt{2}}{2}\right)^3 - 4 \times \frac{\sqrt{2}}{24} = \frac{2\sqrt{2}}{8} - \frac{4\sqrt{2}}{24} = \frac{\sqrt{2}}{12}$$ 이다.

MATH TALK

정육면체는 대칭이며 완전한 아름다움을 지닌 도형으로, 다른 기하입체 도형은 따라올 수 없는 고유한 성질이 있다.
'상상 속의 정육면체'에서 '점이 선을 만들고, 선이 면을 만든다', 그리고 다시 '정사면체와 정육면체'에 이르기까지, 여러분은 정육면체에 숨은 사고의 깊이를 알아내었는가?

‘움직인다’와 ‘움직이지 않는다’ :

점으로 만들어진 도형

점 $M(\cos\alpha, \sin\alpha)$이 직선 $l : \frac{x}{a}+\frac{y}{b}=1$과 만나려면?

방법 1

$M(\cos\alpha, \sin\alpha)$을 방정식 $\frac{x}{a}+\frac{y}{b}=1$에 대입하면 $\frac{\cos a}{a}+\frac{\sin a}{b}=1$ 을 얻는다.

방법 2

(1) 직선 l은 a, b의 값에 따라 변하는 움직이는 직선이다.

(2) 직선 l은 원점을 지날 수 없고 x축 또는 y축에 수직일 수 없다. x, y절편을 나타내는 직선방정식 $\frac{x}{a}+\frac{y}{b}=1$에서 $a \neq 0$, $b \neq 0$ 이다.

(3) $M(\cos\alpha, \sin\alpha)$은 움직이는 점이다. 이 점의 자취는 무엇

일까? $\cos^2 a + \sin^2 a = 1$이므로, 점 $M(\cos\alpha, \sin\alpha)$은 방정식 $x^2 + y^2 = 1$을 만족하고 동점 $M(\cos\alpha, \sin\alpha)$의 자취는 단위원이 된다.

이 문제에서 움직이는 직선 l과 단위원의 공통점은 M이다.

위치관계에서 직선 l과 단위원이 서로 만날 때, 대응하는 식은 $\dfrac{1}{\sqrt{\dfrac{1}{a^2}+\dfrac{1}{b^2}}} \le 1$이다.

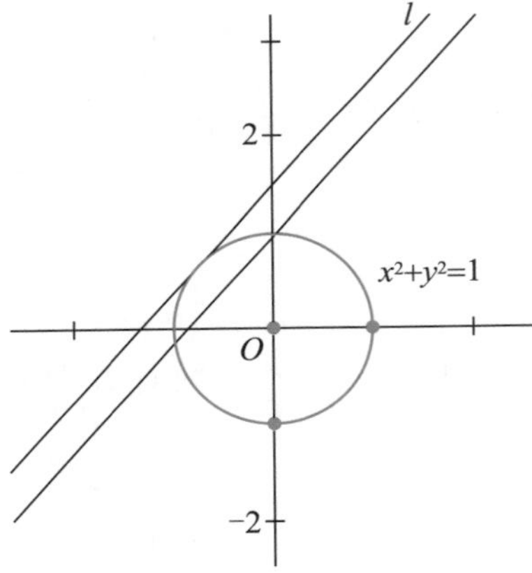

MATH TALK

두 가지 방법 중 첫 번째에서는 부등식 $\dfrac{\cos a}{a}+\dfrac{\sin a}{b}=1$을 얻었고, 두 번째에서는 a, b에 대한 부등식을 얻었다. 첫 번째는 대입의 결과이다. 두 번째는 직선의 방정식으로부터 직선의 기하 특징을 본 것으로, 동점 $M(\cos\alpha, \sin\alpha)$의 자취가 단위원 $x^2 + y^2 = 1$임을 얻었다. 이는 두 기하 대상 간의 위치관계를 연구한 결과이다.

1. '움직인다'가 의미하는 것?

평면기하를 공부할 때는 곡선이 어떤 점의 운동으로 만들어진 것인지 알아야 한다. 우선 운동규칙과 기하 특징을 찾고 난 후, 좌표평면에서 동점운동의 규칙에 따라 대응하는 방정식을 얻을 수 있다.

점 $A(-m, 0)$, $B(m, 0)$ $(m>0)$는 어떻게 이해할까?

"두 점이 x축 위에 있으므로 원점 O에 대하여 대칭이다."라는 답을 생각했다면, 이건 기하의 맛이 좀 부족한 답이라고 하고 싶다. 이 '맛'이라는 건 무엇일까? 우리는 두 점의 좌표로부터 그것이 정해진 두 점이 아니라, 움직이는 점이라는 것을 알 수 있다.

만약 조건 '$\angle APB=90°$'가 추가되면 어떻게 이해할 수 있을까?

여기에 두 동점 A, B 외에도 점 P 또한 동점이다. 문제를 쉽게 이해하려면 먼저 점 A, B를 고정된 점으로, 그리고 선분 AB를 원의 지름으로 볼 수 있다. 그랬을 때 동점 P의 자취가 분명해진다. 그러나 점 A, B는 실제로 동점인 까닭에 이 원은 움직이며 원의 중심은 원점으로 변함이 없다. 그러나 반지름 m

의 크기는 변한다.

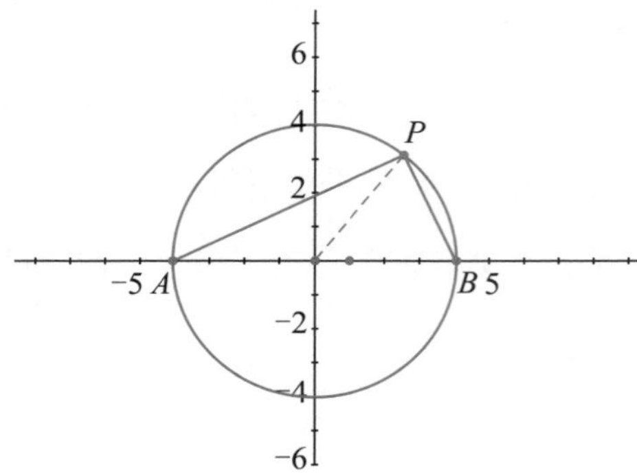

'고정된 것인가, 움직이는 것인가' 하는 물음이 곧 사고의 시작이다. 움직이는 기하대상이 어떻게 움직이는지, 자취는 또 어떻게 될 것인지에 대한 고민이 필요하다.

오랜 시간 동안 우리의 사고는 고착화되었다. 어쩌면 결론에 대한 사고와 연구는 익숙하겠지만 형식은 정해진 것을 기억한다. 고착화된 이후의 지식은 사고과정 없이 변한다. 지식을 응용하는 것도 가능하지만 지식을 통해 생각을 훈련할 기회는 없다. 그래서 우리는 수학을 공부하는 과정에서 시종일관 독립적인 사고를 유지해야 하며 수학적 사고를 통해 문제를 해결해야 한다.

2. '움직이지 않는다'의 의미?

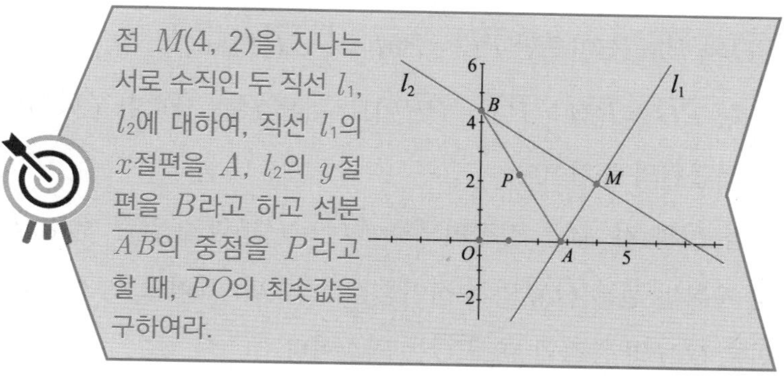

점 $M(4,\ 2)$을 지나는 서로 수직인 두 직선 l_1, l_2에 대하여, 직선 l_1의 x절편을 A, l_2의 y절편을 B라고 하고 선분 $\overline{AB}$의 중점을 P라고 할 때, $\overline{PO}$의 최솟값을 구하여라.

분석

두 직선 l_1, l_2 간의 위치관계는 정해졌다. 그러나 서로 수직인 두 직선은 움직이는 상태이므로 점 A, B는 동점이고 선분 $\overline{AB}$의 중점 P도 동점이다. 따라서 $\overline{PO}$의 최솟값을 구하는 것은 동점 P의 자취를 구하는 것이다.

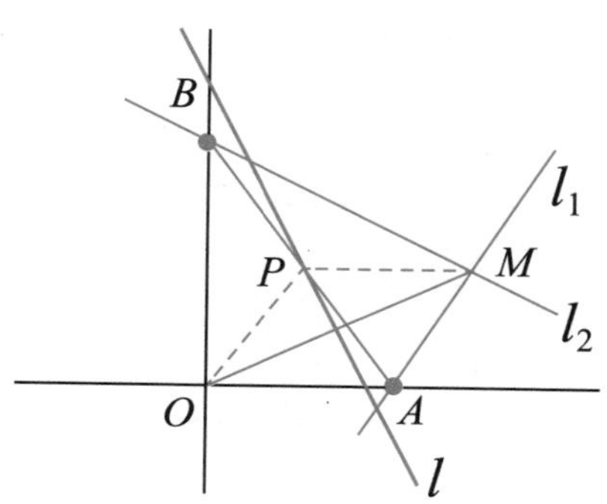

점 P의 기하 특징의 분석은 도형에 근거해야 한다. 한편, 선분 $\overline{AB}$는 직각 삼각형 $\triangle AOB$와 $\triangle AMB$의 공통 선분으로 $\overline{PO}$와 $\overline{PM}$을 이으면 $\overline{PO}=\overline{PM}=\frac{1}{2}\overline{AB}$이다.

즉, $\overline{PO}=\overline{PM}=\overline{PA}=\overline{PB}$이므로 점 P는 사각형 $OAMB$의 외접원의 중심이다.

점 O와 점 M은 정점이므로 $\overline{PO}=\overline{PM}$임을 안다. 동점 P의 자취는 선분 $\overline{OM}$의 수직이등분선 l이다. 그러므로, 점 P가 선분 $\overline{OM}$의 중점일 때, $\overline{PO}$는 최소이다.

이때, $\overline{PO}=\frac{1}{2}\overline{OM}=\sqrt{5}$이고 $\overline{PO}$의 최솟값은 $\sqrt{5}$이다.

3. 움직이지만, 움직이지 않는

원래는 움직이는 기하대상이지만 문제를 단순하게 보고 싶을 때 우리는 그것을 '움직이지 않는 것'으로 생각하고 문제를 풀어볼 수 있다. 그 이유는 무엇일까?

d를 점 $P(\cos\theta, \sin\theta)$에서 직선 $x-my-2=0$에 이르는 거리라고 하자. θ, m이 변하는 값일 때, a의 최댓값은 ______이다.

분석

점 $P(\cos\theta, \sin\theta)$는 동점이고 자취는 단위원이다. 직선 $x-my-2=0$은 점 $A(2, 0)$를 지나는 움직이는 직선이다. 문제는 단위원 위의 동점 P에서 직선에 이르는 거리의 최댓값을 구하는 것이다. 먼저 이 움직이는 직선을 "움직이지 않으며 위치가 정해진 직선"이라고 하자. 그림과 같이 우리는 어렵지 않게 단위원 위의 동점 P에서 이 직선에 그은 모든 수직선 중에서 원의 중심을 지나는 선분 $\overline{PB}$에서 직선 $x-my-2=0$에 이르는 거리가 가장 길다는 것을 알 수 있다.

그러나 직선 $x-my-2=0$은 점 $A(2, 0)$를 지나는 움직이는 직선이므로, 앞에서 그것이 직선을 결정한다는 전제하에 단위원 위의 동점 P의 상대적 위치를 찾았다. 그러면 점 $A(2, 0)$를 지나는 직선이 움직이면 각각 정해진 직선의 위치에 대해서 이런 점 P에 부합하게 된다. 임의의 이런 수직선은 모두 원의 반지름 $\overline{OP}$를 포함하기 때문에 우리는 이 선분 $\overline{OB}$가 언제 최대가 되는지만 관심을 가지면 된다. 명백히 $\overline{OB} \le \overline{OA}$이고, 선분 $\overline{OA}$가 수직선의 일부라면, 여기서 점 P에서 직선 $x-my-2=0$에 이르는 거리는 최대이다. 그래서 이런 직선의 위치관계가 정해졌다. 즉, 점 $A(2, 0)$를 지나고 x축에 수직인 직선이다. 이렇게 d의 최댓값이 3임을 알 수 있다.

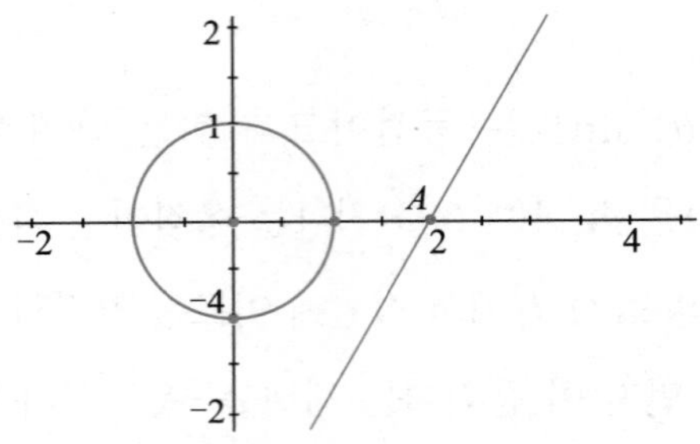
2
1
A
−2
2
4
−1
−2

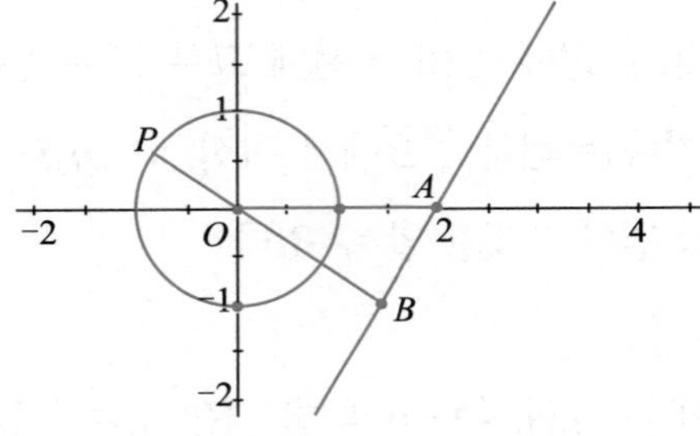
2
1
P
A
−2
O
2
4
−1
B
−2

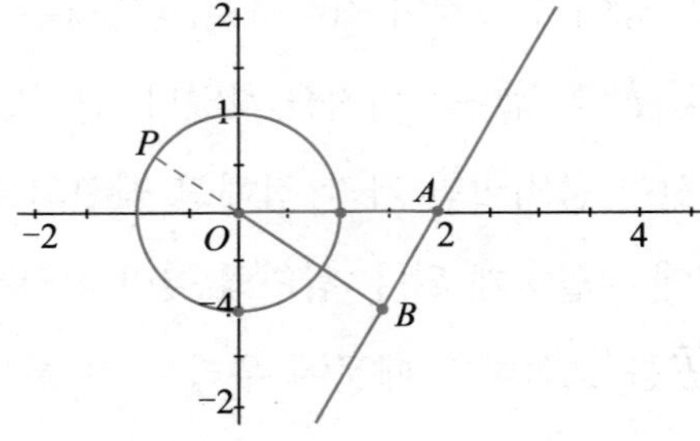
2
1
P
A
−2
O
2
4
−1
B
−2

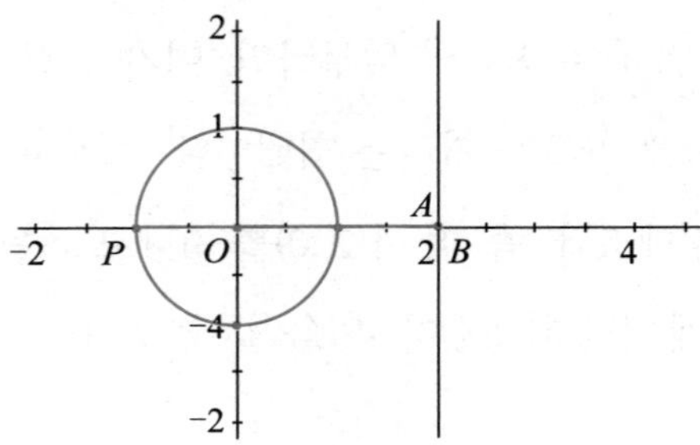
2
1
A
−2
P
O
2
B
4
−1
−2

어떻게 하면 생각이 움직일까? :

운동 변화에 숨겨진 사고 문제

이번에는 우리에게 익숙한 삼각형과 운동 변화의 관점을 이용하여 문제를 어떻게 이해할 수 있는지 알아보려고 한다.

> $\triangle ABC$에서 점 D는 변 $\overline{BC}$ 위를 움직인다. 선분 $\overline{AD}$는 점 D가 이동할 때마다 $\triangle ABC$의 내부에서 움직인다. 그러면, 선분 $\overline{AD}$와 $\triangle ABC$는 어떤 관계가 있을까?

$\angle ADB$를 살펴보자. 점 D가 점 B에서 점 C까지 움직임에 따라, $\angle ADB$의 꼭짓점 D의 위치가 변한다. $\angle ADB$는 둔각에서 예각이 된다. 이 연속운동의 변화과정을 여러분은 어떻게 생각했는가?

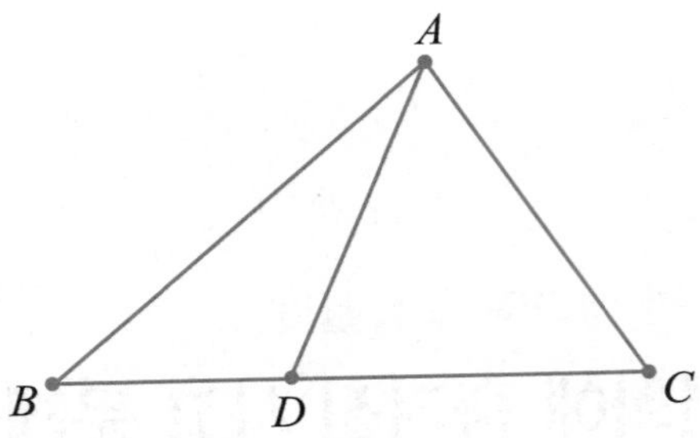

$\angle ADB = 90°$인 순간이 반드시 있는데, 이때 선분 $\overline{AD}$와 삼각형 $\triangle ABC$의 변 $\overline{BC}$는 어떤 위치관계가 있을까? 바로 수직이다. $\triangle ABC$의 꼭짓점 A를 지나고 변 $\overline{BC}$에 수직인 선분 $\overline{AD}$를 $\triangle ABC$의 변 $\overline{BC}$ 위의 높이라고 부른다.

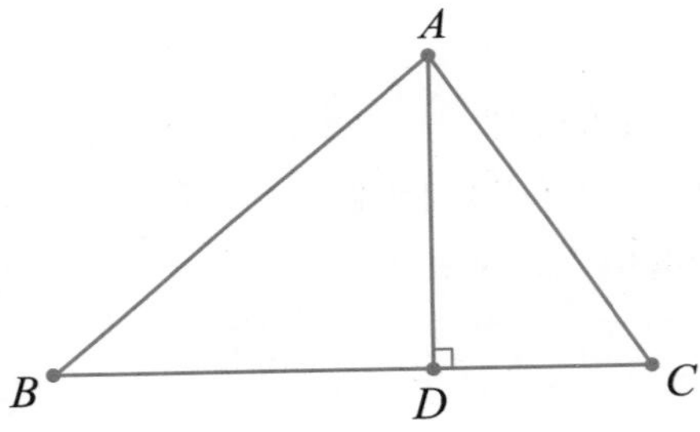

점 D의 운동을 다시 보자. 이 점은 선분 $\overline{BC}$ 위의 임의의 위치에 있다. 또한 임의의 위치에서 선분 $\overline{AD}$가 결정된다. 예를 들어, 방금 말한 높이는 그 중 하나의 선분이다. 그러면 선분 $\overline{BC}$ 위에서 점 D의 특수한 위치가 있을까? 우리는 선분 $\overline{BC}$의 중점이 비교적 특수하다는 것을 알고 있다. 그 순간 선분 $\overline{AD}$를

$\triangle ABC$의 변 $\overline{BC}$ 위의 중선이라고 부른다.

완전한 도형에서 본다면 점 D가 점 B에서 점 C로 이동하는 과정에서 선분 $\overline{AD}$는 $\triangle ABC$를 두 개의 삼각형 $\triangle ABD$와 $\triangle ADC$로 나눈다. 이 두 삼각형은 선분 $\overline{AD}$가 이동함에 따라 모양이 바뀐다. 그러면, 변하지 않는 관계는 무엇일까? 두 삼각형의 높이는 꼭짓점 A에서 변 $\overline{BC}$에 그은 수선으로 값이 같다. 두 삼각형의 넓이를 보면 $\triangle ABD$와 $\triangle ADC$의 넓이 비는 선분 $\overline{BD}$와 $\overline{DC}$의 길이 비와 같다. 만약 점 D가 변 $\overline{BC}$의 중점이라면 $\overline{AD}$는 $\triangle ABC$의 중선이 되고 $\triangle ABD$와 $\triangle ADC$의 넓이는 서로 같다.

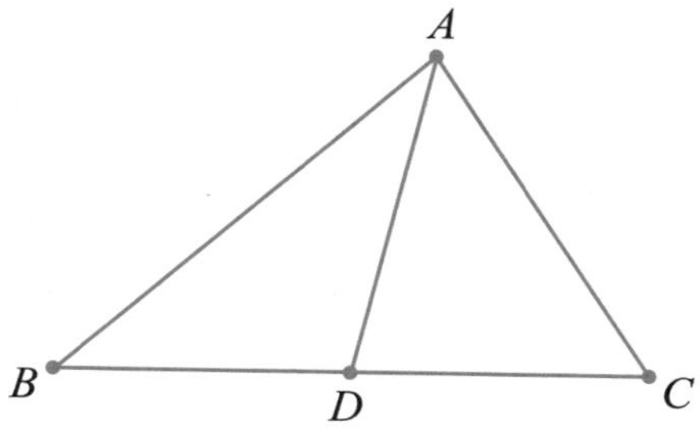

우리는 계속해서 점 D를 변 $\overline{BC}$ 위에서 움직이는 점으로 본다. 선분 $\overline{AD}$의 이동에 따른 $\angle BAD$와 $\angle DAC$의 관계를 관찰해 보자. 점 D가 점 B에서 점 C로 이동할 때, 또 선분 $\overline{AD}$는 $\overline{AB}$에서 $\overline{AC}$가 될 때, $\angle BAD$는 점점 커지고 $\angle DAC$는 점점 작아진다는 것을 알 수 있다. 그러면 $\angle BAD = \angle DAC$인 순

간이 있을까?

만약 두 각이 같다면 어떻게 해석할 수 있을까?

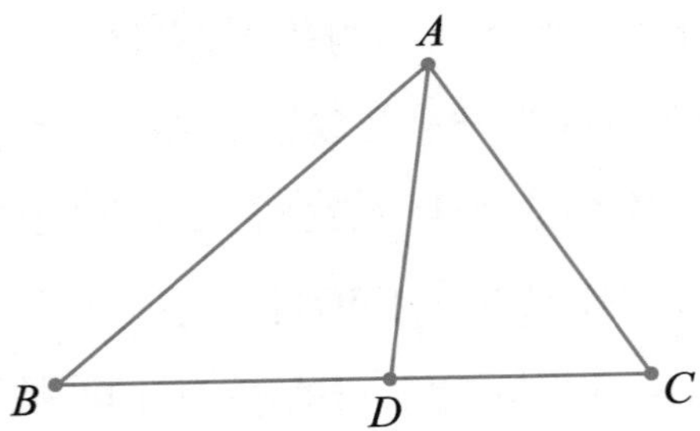

두 각의 차이를 $a = \angle BAD - \angle DAC$로 두자. 점 D가 점 B에서 점 C로 이동할 때, 처음에는 $\angle BAD < \angle DAC$이므로 $a < 0$이다. 그러나 점 D가 어느 정도 이동한 후에는 $\angle BAD > \angle DAC$가 되므로 $a > 0$이다. 이런 변화는 연속적인 과정에서 일어나므로 a는 음수에서 양수가 되고 $a = 0$인 순간이 반드시 있다. 이때, $\angle BAD = \angle DAC$이다. 선분 $\overline{AD}$는 $\angle BAC$를 이등분한다.

생각채널을 바꾸는 연습 :
대수적 사고와 기하적 사고

수학 문제를 풀 때 문제의 본질을 어떻게 이해하느냐는 매우 중요한 문제다. 실제로 여러분은 대수 또는 기하 중 어느 관점으로 문제를 볼 것인지 생각채널을 선택한다. 추상적으로 문제에 접근할 것인가 또는 도형을 이용하여 문제를 풀 것인가를 결정하는 것은 우리가 TV를 볼 때 수시로 채널을 바꾸는 것과 같다.

$\overline{AB}=2$, $\overline{AC}=\sqrt{2}\,\overline{BC}$인 $\triangle ABC$의 넓이의 최댓값은 얼마인가?

[대수적 사고]

함수의 관점으로 이 문제를 이해해 보자. $\triangle ABC$의 변 $\overline{BC}$

길이의 변화는 넓이에 영향을 준다. 따라서 $\triangle ABC$의 넓이는 변 $\overline{BC}$ 길이에 대한 함수이다.

$\overline{BC} = x$라고 하면 $\overline{AC} = \sqrt{2}x$이다.

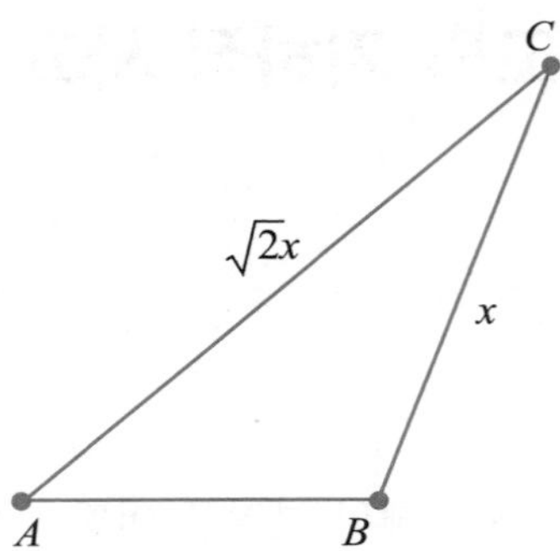

넓이공식에 의해

$$\triangle ABC = \frac{1}{2} \times \overline{AB} \times \overline{BC} \times \sin B = x\sqrt{1 - \cos^2 B}$$ 이다.

코사인 법칙에 의해

$$\cos B = \frac{\overline{AB}^2 + \overline{BC}^2 - \overline{AC}^2}{2\overline{AB} \times \overline{BC}} = \frac{4 + x^2 - 2x^2}{4x} = \frac{4 - x^2}{4x}$$ 이므로,

이를 대입하면

$$\triangle ABC = x\sqrt{1 - \left(\frac{4 - x^2}{4x}\right)^2} = \sqrt{\frac{128 - (x^2 - 12)^2}{16}}$$ 이다.

삼각형의 변 사이의 관계에 의해

$$\begin{cases} \sqrt{2}x + x > 2 \\ x+2 > \sqrt{2}x \end{cases}$$ 이므로 $2\sqrt{2} - 2 < x < 2\sqrt{2} + 2$이다.

따라서 $x^2 = 12$, $x = 2\sqrt{3}$일 때 $\triangle ABC$의 최댓값은

$\sqrt{\frac{128}{16}} = 2\sqrt{2}$이다.

[기하적 사고]

위에서 대수적 사고로 문제를 풀어보았다. 선분 $\overline{BC}$의 길이 변화, 즉 선분 $\overline{BC}$에 대한 변화량이 $\triangle ABC$의 넓이를 변하게 한다는 것을 알아냈다.

그렇다면 이번에는 채널을 바꿔서 완전히 새롭게 $\triangle ABC$의 넓이의 최댓값 문제를 이해해 보자.

$\triangle ABC$의 넓이의 변화는 도형의 변화이다. 길이가 2가 되도록 점 A, B를 정하면 도형의 변화는 동점 C의 운동변화를 일으키는 것으로 이해할 수 있다. 이와 같이, 우리는 동점 C가 어떤 모양의 운동규칙에 따라 운동하는지, 어떤 모양의 자취를 그리는지에 대해서 알아야 한다. 이것은 곧 기하 문제로, 기하의 사고로 문제를 이해할 수 있어야 하는 것이다.

다음의 그림처럼 선분 $\overline{AB}$를 x축 위에 놓고 $\overline{AB}$의 중점을 원점이 되도록 한다.

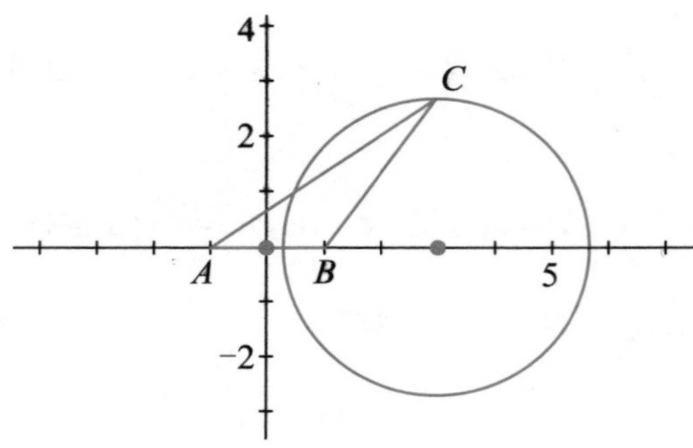

점 $C(x,\ y)$를 $\triangle ABC$의 꼭짓점이라고 하자. 점 C에서 점 $A(-1,\ 0)$, $B(1,\ 0)$에 이르는 거리의 비는 $\sqrt{2}:1$이므로

$(x+1)^2+y^2=2\{(x-1)^2+y^2\}$, 즉 $(x-3)^2+y^2=8$이다.

이 방정식은 그림과 같이 동점 C가 한 원 위의 원주를 운동하는 것을 나타낸다.

점 $C(x,\ y)$에서 x축까지 거리의 최댓값은 바로 원의 반지름인 $2\sqrt{2}$이다.

따라서 $\triangle ABC$의 넓이의 최댓값은 $\frac{1}{2}\times 2\times 2\sqrt{2}=2\sqrt{2}$ 이다.

문제를 이해하는 두 가지 방법을 살펴보았다. 여러분은 이제 그 차이를 알겠는가?

직선 $\sqrt{2}ax+by=1$(a, b는 실수)과 원 $x^2+y^2=1$의 두 교점을 A, B라고 하자. $\triangle AOB$(점 O는 원점)가 직각삼각형이 될 때, 점 $P(a,\ b)$와 점 (0, 1) 사이의 거리의 최댓값을 구하여라.

[대수적 사고]

그림과 같이, 점 $P(a, b)$와 점 $(0, 1)$ 사이의 거리 $d = \sqrt{a^2 + (b-1)^2}$을 어떤 변수에 대한 함수라고 한다면, a, b 두 변수 사이의 관계를 알아내야 한다.

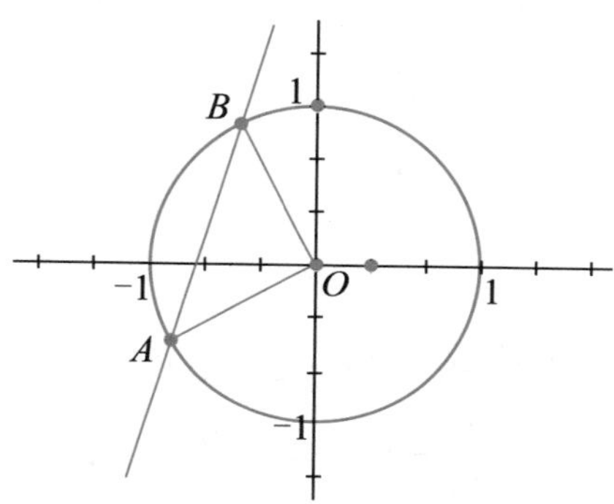

조건 "직선 $\sqrt{2}ax + by = 1$(a, b는 실수)과 원 $x^2 + y^2 = 1$의 두 교점을 A, B라고 할 때, $\triangle AOB$(점 O는 원점)는 직각삼각형이다"에 근거한 기하 특징은 "$\triangle AOB$는 직각이등변삼각형"이다. $\overline{OA} = \overline{OB} = 1$, $\overline{AB} = \sqrt{2}$이므로 원의 중심 $(0, 0)$에서 직선 $\sqrt{2}ax + by = 1$에 이르는 거리는 $\frac{\sqrt{2}}{2}$, 즉 $\frac{1}{\sqrt{2a^2 + b^2}} = \frac{1}{\sqrt{2}}$로 $a^2 + \frac{b^2}{2} = 1$을 얻는다.

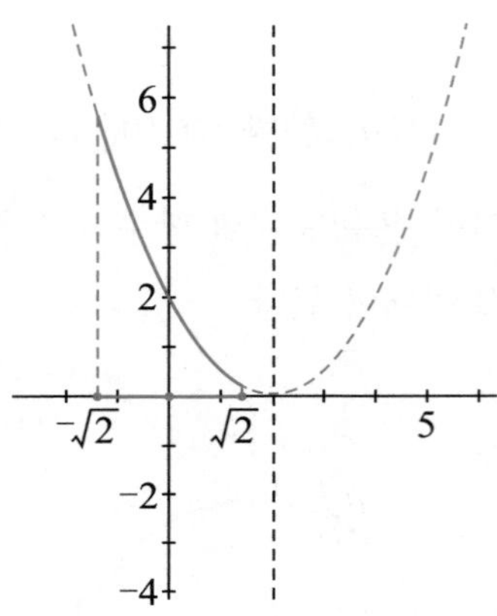

$a^2 = 1 - \dfrac{b^2}{2} \geq 0$이므로 $b \in [-\sqrt{2}, \sqrt{2}\,]$이고

$d^2 = a^2 + (b-1)^2 = \dfrac{b^2}{2} - 2b + 2 = \dfrac{1}{2}(b-2)^2$이다.

이것은 b에 관한 이차함수로 $b \in [-\sqrt{2}, \sqrt{2}\,]$이다.

그러므로, $b = -\sqrt{2}$이므로 d는 최댓값 $\sqrt{2}+1$을 가진다.

[기하적 사고]

만약 기하적 관점으로 이 문제를 본다면, 동점 $P(a, b)$의 운동 규칙에 주목할 필요가 있다. 실제로 a, b 두 변량 간의 관계로 변화가 생긴다면 동점의 x, y좌표 사이의 관계 곧, 방정식 $f(a, b) = 0$을 만족한다.

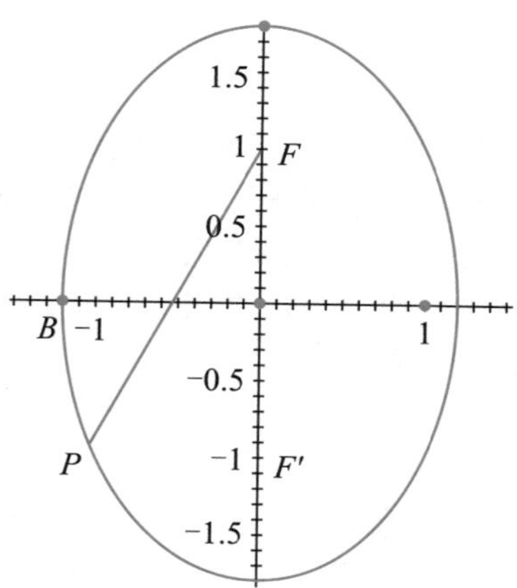

$\frac{1}{\sqrt{2a^2+b^2}}=\frac{1}{\sqrt{2}}$ 이므로 $a^2+\frac{b^2}{2}=1$을 얻는다.

점 $P(a, b)$가 방정식 $x^2+\frac{y^2}{2}=1$을 만족한다. 즉, 점 $P(a, b)$가 타원 $x^2+\frac{y^2}{2}=1$ 운동을 한다. 타원 $x^2+\frac{y^2}{2}=1$로부터 알 수 있는 것은 (0, 1)은 타원의 한 초점이므로 $x^2+\frac{y^2}{2}=1$ 위의 동점 $P(a, b)$에서 초점 (0, 1)에 이르는 거리는 점 P에서 아래 꼭짓점에 이동했을 때 취하는 최댓값으로 $\sqrt{2}+1$이다.

MATH TALK

위의 두 가지 방법은 서로 다른 각도에서 문제를 본 것이다. 문제에 대한 이해 방식이 다르다는 것은 문제를 처음 풀 때부터 차이가 있음을 의미한다. 대수적 사고와 기하적 사고의 가장 큰 차이는 전자는 연구대상을 변화량의 관점에서 보는 것이고, 후자는 문제의 기하 배경에서 동점을 찾아 운동궤도를 분석하는 것이다.

종합해 보면, 위의 사고 과정을 통해 문제해결을 하면서 알 수 있는 것은 다음과 같다.

기하적 사고는 문제에 대응하는 기하도형에서 이루어지는 것으로 우리의 직관적 이해가 도움이 된다. 대수적 사고는 내재된 수량관계에서 이루어지는 것으로 수학 문제 자체의 본질에 대한 이해가 필요하다.

두 가지 사고 방법은 모두 중요하며 우리의 뇌는 두 가지 채널을 모두 가지고 있어, 어떤 하나의 수학 문제에 대해 채널을 수시로 바꾸는 사고를 할 수 있다.

어떻게 풀까?

원으로 기하를 말하다

중학교 1학년 때 배우는 평면도형을 시작으로 고등학교 때 다루는 공간도형은 모두 유클리드 기하에 속한다. 여기서의 연구 대상은 평면도형 혹은 공간도형이므로 이들의 기하 특징을 연구하는 것이 기하학 입문에 중요한 역할을 할 것이다.

유클리드
고대 그리스 수학자.

≪기하학원론≫을 저술하였고 엄밀한 논리 위에 기하면적 등 수많은 정리를 남겼으며 기하학을 독립된 학문으로, 연역적 과학으로 세웠다. 유클리드 기하의 창시자로서 주된 공헌은 유클리드 평행공리의 기초를 마련한 것이다.

MATH TALK

기하 특징은 두 가지를 의미한다.

(1) 평면도형 또는 공간도형 자체가 가지는 기하성질 즉, 예를 들면 평면에서 삼각형의 변과 각, 평행사변형의 성질, 원의 성질을 연구해야 한다. 곡선의 방정식을 세우기 전에 기하대상의 기하 특징을 분석해야 한다.

(2) 서로 다른 평면도형 또는 공간도형 간의 위치관계, 예를 들어 평면 또는 공간도형 무엇이든 상관없이 우리는 연구방법이 다르더라도 직선과 원의 위치관계, 정육면체와 정사면체 등의 관계를 연구할 수 있다.

우리는 '원'에 숨겨진 논리관계를 분석하여 기하학습의 논리를 짚어보려고 한다.

학교에서 배우는 원의 내용을 원의 성질, 점과 원, 직선과 원의 위치관계, 정다각형과 원에서 현의 길이와 부채꼴의 넓이 등 크게 몇 가지로 살펴보자. 여기에 숨겨진 논리는 무엇일까?

1. 원의 개념

원은 어떻게 결정될까?

원의 정의는 "한 평면 위에서, 점 O에서 선분 $\overline{OA}$를 한 바퀴 돌릴 때 점 A가 만드는 도형"이다. 점 O를 원의 중심으로 하고 선분 $\overline{OA}$를 원의 반지름으로 했을 때 원의 크기가 결정된다.

원의 뜻을 더 알기 위해서 교과서에서는 직접 원을 그리는 과정을 보여준다. 이 과정에서 우리는 원이 점들의 집합임을 느낄 수 있다. 우리는 두 가지 방면에서 이 집합의 뜻을 이해할 수 있다. 즉, 원의 관점에서 원 위의 점으로부터 원의 중심에 이르는 거리는 서로 같다. 또한 점의 각도에서 정점에 이르는 거리가 같은 점은 모두 같은 원 위에 있다.

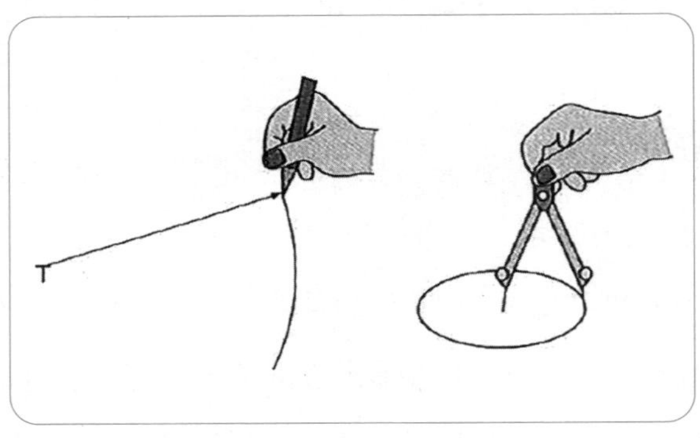

평면도형을 공부할 때, 원의 기하 특징을 아는 것으로부터 원의 방정식을 세울 수 있고 또한 원의 방정식을 이용하여 관련 문제를 풀어나갈 수 있다.

> $C(a,\ b)$를 원의 중심, r을 원의 반지름이라고 하면
> 원의 표준방정식은 $(x-a)^2+(y-b)^2=r^2$이다.

2. 수직 정리와 접선의 길이 정리

원은 축대칭도형으로, 임의의 반지름을 기준으로 원을 접었을 때 생기는 지름은 두 반지름을 완전히 포갠 것이다. 이런 대칭성질은 어떻게 기하요소 사이의 관계로 구현할 수 있을까?

원이 축대칭도형인 것을 어떻게 증명할 수 있을까?

말로 표현되는 기하성질을 대수식으로 나타내고 명확한 논리로 결론을 내는 것이 곧 증명이다.

축대칭성 증명에서 중요한 것은 증명하는 사고과정이다. 기하도형이 어떤 직선에 대해 대칭인 것을 어떻게 증명할까? 누군가는 몇 개의 점을 통해 원의 축대칭 성질을 설명하려 할 것이다. 또 누군가는 원에 내접하는 직각이등변삼각형으로 원의 축대칭성질을 증명하기도 한다.

위의 방법은 모두 매우 훌륭하다. 원의 축대칭성은 원의 전체적인 성질이기 때문이다. 원 위의 임의의 점을 하나 취할 수 있다면 이 점이 지름에 대칭이며 여전히 원 위의 점임이 증명되기 때문이다.

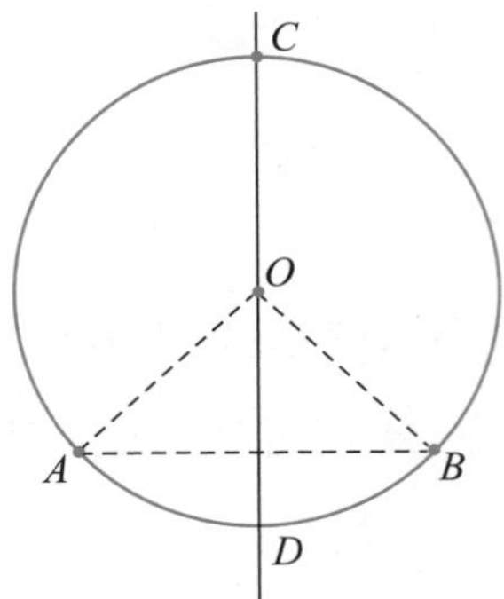

원의 대칭축은 셀 수 없이 많다. 어떻게 그 중 하나를 정해서 대칭성으로 원의 현 또는 현과 관련된 문제를 풀 수 있을까?

실제로 원의 대칭축은 원의 현에 대한 대칭축이다. 현의 중점을 지나는 수직선이 바로 원과 현의 공통 대칭축이 된다. 즉, 현에 수직인 지름은 직선이기도 하고 현을 나누는 지름은 모두 직선이기도 하다. 한 마디로 말해서 현으로 축을 정한다.

직선 $y=kx+1$과 원 $x^2+y^2+kx+my-4=0$의 교점은 M, N 두 점이다. M, N이 직선 $x+y=0$에 대하여 대칭일 때, $m+k$의 값을 구하여라.

분석

이 문제는 많은 학생들이 직선 $y=kx+1$과 원 $x^2+y^2+kx+my-4=0$을 연립하여 풀려고 한다. 그러나 미지수 개수가 많아서 바로 좌절하고 만다. 또 어떤 학생은 직선 $y=kx+1$과 직선 $x+y=0$이 수직임을 이용하여 $k=1$을 얻은 후에 m의 값을 어떻게 계산해야 할지 생각할 것이다. 이 문제들은 계산으로 결과를 이끌어 낼 수 있지만 쉽지 않다.

평면기하에 적합한 사고는 무엇일까?

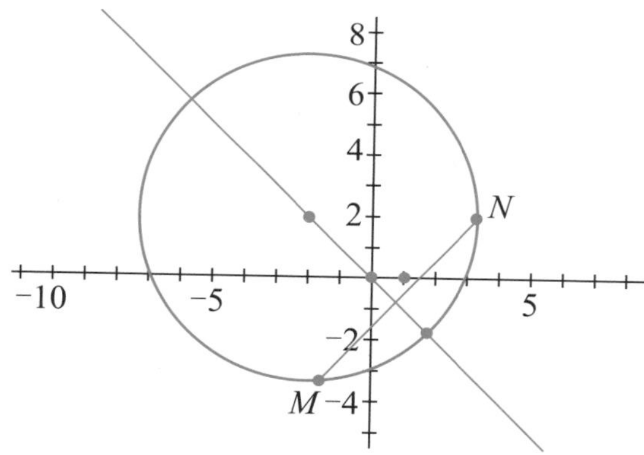

이 문제는 3개의 기하대상과 관련된다. 값을 계산하기 전에 그들 간의 위치관계를 결정하는 것이 가장 중요하다. 조건 "직선 $y=kx+1$과 원 $x^2+y^2+kx+my-4=0$의 교점은 M, N 두 점이다"는 직선 $y=kx+1$과 원 $x^2+y^2+kx+my-4=0$의 위치관계를 알려준다. 조건 "M, N이 직선 $x+y=0$에 대하여 대칭이다"는 직선 $y=kx+1$과 직선 $x+y=0$의 위치관계를 설명한다. 즉 두 직선이 수직이고 직선 $x+y=0$이 직선 $y=kx+1$ 위의 한 선분 $\overline{MN}$을 절반으로 나눈다. 이렇게 결정되는 직선 $x+y=0$과 원 $x^2+y^2+kx+my-4=0$의 위치관계가 바로 사고의 핵심이다. 그러나 이 내용은 문제에서 언급되지 않는 것이므로 스스로 조건을 찾아 이끌어내야 하는 것이다.

선분 $\overline{MN}$은 원의 현으로 현 $\overline{MN}$은 직선 $x+y=0$을 반으로 나눈다. 직선 $x+y=0$은 원의 대칭축이고 원 $x^2+y^2+kx+my-4=0$의 중심은 직선 $x+y=0$ 위에 있다. 여기까지 3개 기하대상 사이의 위치관계 분석이 끝났다.

위의 위치관계의 분석에 근거하여, 원의 중심의 좌표 $\left(-\frac{k}{2}, -\frac{m}{2}\right)$을 방정식 $x+y=0$에 대입하면 $m+k=0$의 결과를 얻을 수 있다.

접선의 길이와 수직 성질 사이에는 어떤 관계가 있을까?

"원 밖의 한 점에서 원에 2개의 접선을 그었을 때, 두 접선의 길이는 서로 같다. (원 밖에 있는) 이 한 점과 원의 중심을 이었을 때, 두 접선이 이루는 각이 이등분 된다."

'원'이라는 배경을 두고 서로 같은 선분과 서로 같은 각을 확인할 수 있는데, 이것과 원의 대칭성은 무슨 관계가 있을까?

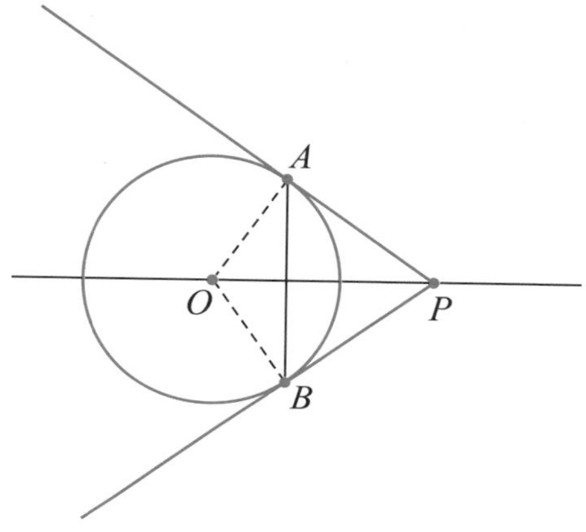

실제로 "원 밖의 한 점에서 원에 2개의 접선을 그을 수 있다"는 것에서 원 위의 두 접점 A, B가 정해지므로 원의 현 $\overline{AB}$가 결정된다. 그러므로 현 $\overline{AB}$에 대한 원의 대칭축 또한 결정된다. 원의 축대칭성 문제에서 중요한 것은 원의 대칭축을 결정하는 것으로, "(원 밖의) 한 점과 원의 중심을 이은 선"이 원에서 현 $\overline{AB}$에 대한 대칭축이 된다는 것을 우리는 알 수 있다. 이 대칭축은 원의 대칭축일 뿐만 아니라 현 $\overline{AB}$의 유일한 하나의 대칭축도 된다.

따라서 이 대칭축 위의 임의의 점(P라고 하자)에서 현의 끝점 A, B에 이르는 거리는 항상 일정하다. 원 밖의 한 점 P에서 $\overleftrightarrow{PA}$, $\overleftrightarrow{PB}$가 원의 접선일 때, 이런 특수한 직선과 원의 위치관계에서 접선의 길이는 서로 같다. 그러므로 우리는 접선의 길이가 서로 같다는 것은 원의 축대칭 성질의 구체적인 표현이라고 말할 수 있다. 현 $\overline{AB}$에 대응하는 원의 대칭축이 두 접선 사이의 각을 이등분하는 것은 곡선의 현 $\overline{AB}$가 대칭축에 의해 이등분된 후 길이가 같은 현이 결정되므로 이 결론은 수직 정리에서 온 것이다.

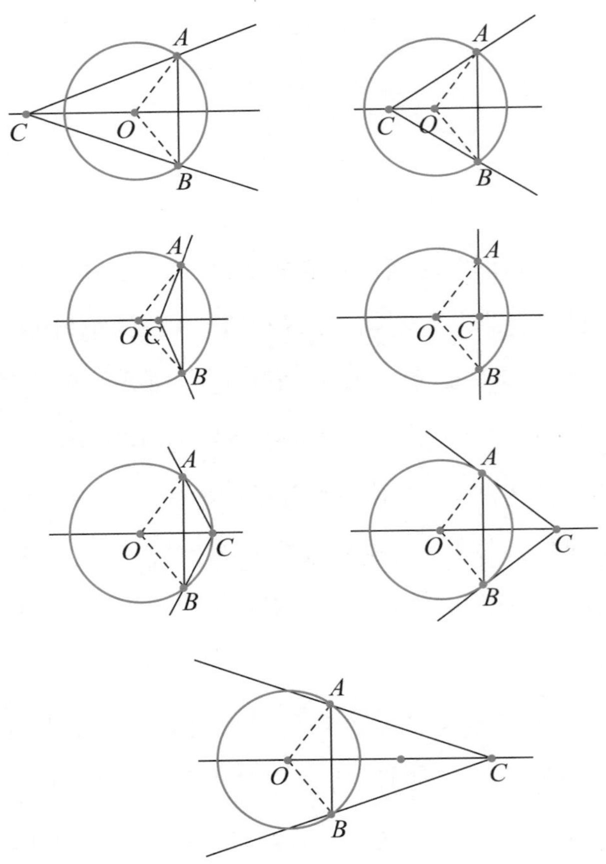

그림과 같이 $\overleftrightarrow{OC}$는 원 O의 지름이 놓이는 직선이다. 현 $\overline{AB}$에서 볼 때, 원 O의 대칭축 $\overleftrightarrow{OC}$는 바로 현 $\overline{AB}$의 유일한 대칭축으로 선분 $\overline{AB}$의 중점을 지나는 수선이다. 점 C가 어떻게 움직이든 항상 $\overline{CA}=\overline{CB}$, $\angle ACO=\angle BCO$이다. 점 C와 현 $\overline{AB}$의 중점이 일치할 때의 특수한 위치관계가 바로 수직 정리이다. 원 밖의 한 점에서 원 O에 그은 접선을 겹쳤을 때 이것이 바로 접선의 길이 정리이다. 다른 위치 관계도 문제를 통해 자주 접할 수 있다.

3. 원의 중심각과 원주각

원은 중심대칭도형이다. 중심을 기준으로 180° 회전하면 원래 도형과 겹쳐진다. 실제로 임의의 각으로 회전하더라도 원래 원과 겹쳐진다.

원에서 각의 꼭짓점이 어디에 있느냐에 따라 대응하는 각은 달라진다.

각의 꼭짓점이 원 위에 있을 때 가장 연구 가치가 있다. 원주 위에 각의 꼭짓점은 각의 두 변과 원이 서로 만나는 각이다. 이것을 원주각이라고 부른다.

다음은 각의 꼭짓점이 원 내부, 원의 회전중심과 일치할 때, 우리는 이 각을 중심각이라고 부른다. 각각의 중심각은 대응하는 유일한 호가 결정된다.

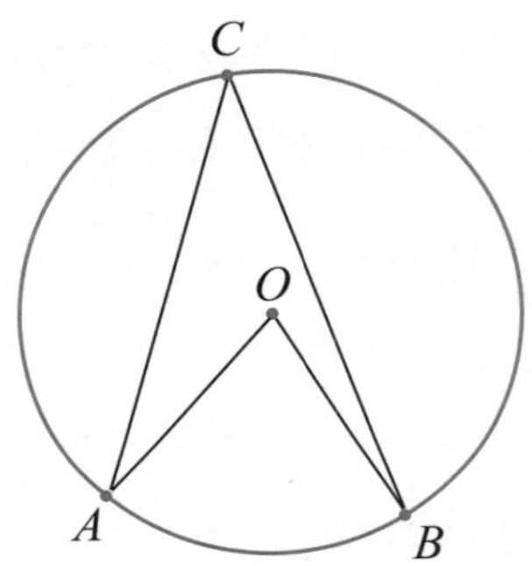

동일한 원에서 크기가 서로 같은 원주각이 주어질 때 비록 그 위치가 다르더라도 대응하는 호와 현의 길이는 서로 같다는 것과 같은 관계를 이끌어 낼 수 있다. 여기에서는 원의 회전대칭이라는 전제하에 서로 대응하는 호, 현, 중심각 관계에 대해 설명한다.

각의 꼭짓점이 원 밖에 있을 때, 각의 두 변과 원이 서로 만나는 각은 다음의 그림처럼 원주각을 이용하여 나타낼 수 있다.

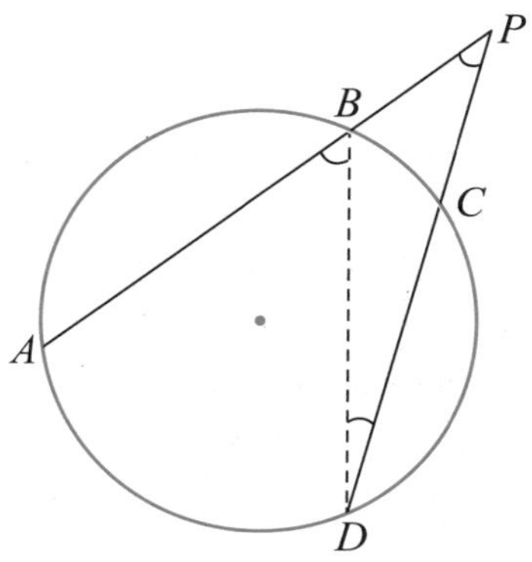

호를 이용해 서로 다른 원주각의 관계를 분석할 수도 있다. 하지만 동일한 원에서 다양한 크기의 서로 다른 원주각이 있고 이런 원주각이 각각 대응하는 호 사이의 관계가 분명하지 않을 때, 이런 원주각 사이의 관계를 알 수 있는 방법은 없다. 그렇다면 만약 원주각을 서로 같은 조건 또는 같은 값이라는 전제하에 둔다면 같은 호 또는 길이가 같은 호의 조건처럼 각각이 대응하는 서로 다른 원주각 사이에는 무슨 관계가 있을까?

동일한 호 또는 길이가 같은 두 호가 대응하는 중심각은 결정되기 때문에 문제는 동일한 호 또는 길이가 같은 호의 전제에서 원주각과 중심각 사이의 관계로 전환된다.

MATH TALK

호가 각을 정한다 : 원의 회전대칭성은 중심각과 원주각의 관계를 원주각 사이의 관계가 되도록 하는 데에 매우 중요한 역할을 한다. 원주각의 정리와 같은 추론은 "어떤 호에 대한 원주각은 중심각 크기의 반이다"라는 것을 알려준다.
같은 호 또는 길이가 같은 호에 대응하는 원주각은 서로 같다. 즉, "호가 각을 정한다"라는 결론을 내릴 수 있다.

4. 점과 원의 위치관계

평면기하를 공부할 때 두 개 이상의 도형이 나온다면, 이때 각 도형의 기하성질뿐만 아니라 그들 간의 위치관계를 생각해야 한다. 만약 평면 내부에 다른 점을 가지는 원이 있다면 더 깊이 생각해 볼 필요가 있다. 이 점과 원은 어떤 위치관계가 있을까?

예를 들어, 여기에 원 O가 있다고 하자. 여기서 점 A는 원 O의 내부의 점이다. 지금 이 원 O의 반지름의 길이를 줄이면 그 과정에서 점 A와 원 O의 위치관계에 어떤 변화가 생길까?

원 O의 반지름을 점점 줄이면 원 O에서 점 A의 위치관계에 확실한 변화가 생긴다. 점 A는 원래 원 O의 내부의 점으로 원의 반지름 길이를 줄일 때, 어느 순간에는 원주 위에 위치하게 된다. 이때, 원의 반지름 길이를 더 줄이면 점 A는 원 O 외부에 있게 된다.

알 수 있는 사실은 점 A와 앞에서 연속적으로 변한 원의 위치는 고정된 것이 아니므로 서로 다른 3가지의 위치관계가 생긴다는 것이다.

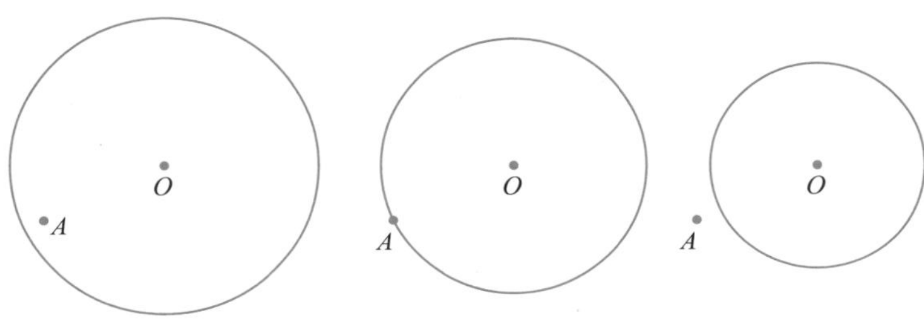

만약 평면 위에 원 O가 있다면 점과 원의 위치관계를 어떻게 이해할까? 먼저 원 O는 평면을 원주, 원의 내부, 원의 외부, 이렇게 세 부분으로 나눈다.

이때 원 O를 제외하고 점 A를 더 연구해 본다면 원 O에 대한 점 A의 위치가 원주인지, 원의 내부인지, 외부인지를 정해야 한다는 것이다.

점 A와 원 O의 위치관계가 정해졌을 때, 어떻게 이 위치관계를 식으로 표현할 수 있을까?

원 O의 반지름을 r이라고 하고 원주 위에 점 A가 있다면 이런 점은 무수히 많으며, 그런 점들은 원의 중심 O와의 거리가 항상 반지름 r로 같다.

그렇다면 원의 내부의 점은 어떨까? 원의 중심 O와의 거리가 반지름 r보다 작다.

원의 외부에도 무수히 많은 점이 있다. 그러나 그 점들의 공통점은 원의 중심에 이르는 거리가 반지름 r보다 크다는 것이다. 이렇게 우리는 원의 중심 O와 반지름 r로 평면 내부의 점과 원 O의 위치를 표현할 수 있다.

관점을 바꿔보자. 평면 위의 수많은 각 점에 대하여 그 점을 원의 중심 O로 하고 반지름의 길이를 r로 정하면 실제로 정확하게 원을 하나 생각할 수 있다. 그러면 평면 내부의 점 A의 관점에서 보면, 이 점에 대응하는 원의 위치는 점과 원의 중심 O와의 거리로 그릴 수 있다. 만약 점 A에서 원의 중심 O에 이르는 거리가 반지름 r보다 작으면 점 A는 원의 내부에 있다고 단정할 수 있다. 만약 점 A에서 원의 중심 O에 이르는 거리가 반지름 r보다 크다면 점 A는 분명히 원 밖에 있을 것이다.

평면 위에 점 A가 있다. 이 점 A를 지나는 원은 몇 개일까?

평면 위에 점 하나를 정하고 이 점을 지나면서 중복되지 않도록 원을 그려보자. 예를 들어, 원 O처럼 중심을 O로 하고 $\overline{OA}$를 반지름으로 하여 원을 그릴 수 있다. 이런 식으로 몇 개의 원을 그릴 수 있을까? 점 O와 겹치지 않게 점 A를 찍기만 하면 되므로 이런 점은 무수히 많다. 따라서 이렇게 그리는 원도 무수히 많다.

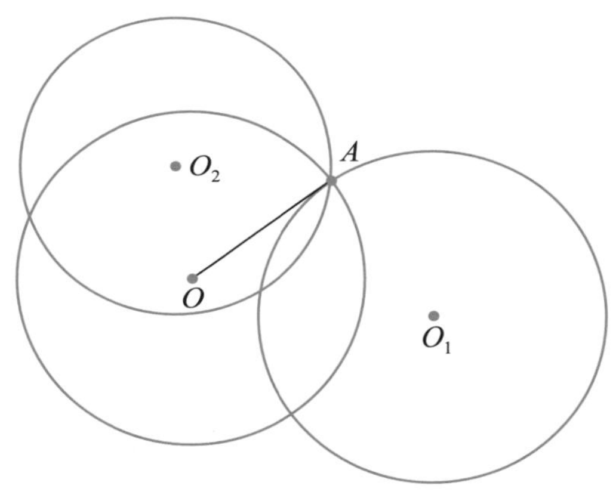

평면 위에 두 점 A, B가 있다. 두 점 A, B를 동시에 지나는 원을 그릴 때, 이런 원은 몇 개일까?

우리가 그리려고 하는 원의 중심에서 점 A, B에 이르는 거리는 서로 같기 때문에 원의 중심 O를 찾기만 하면 $\overline{OA}$ 또는 $\overline{OB}$는 반지름이 되므로 원이 결정된다. 그러면 원의 중심은 어떻게 결정될까? 평면 위에 점 A, B 두 점에 이르는 거리가 서로 같은 점은 선분 $\overline{AB}$의 중심을 지나는 수직선으로, 이 직선 위의 임의의 점은 모두 원의 중심으로 생각할 수 있다. 따라서 이런 원도 무수히 많이 존재한다.

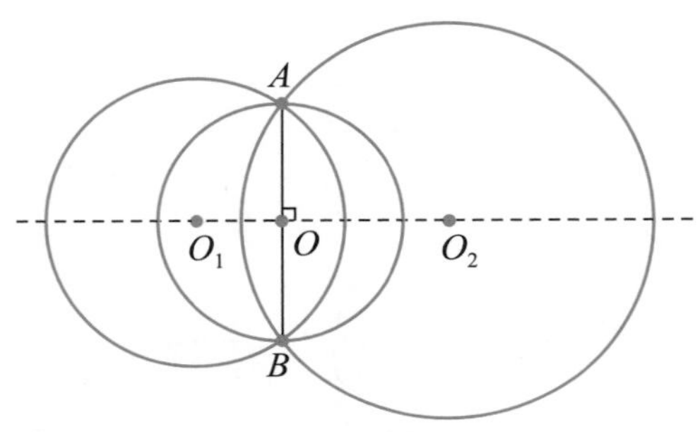

평면 위에서 일직선상에 있지 않은 서로 다른 세 점 A, B, C가 있다. 세 점을 동시에 지나는 원을 그릴 수 있을까? 그리고 이런 원은 모두 몇 개일까?

이 조건을 만족하는 원의 중심에서 점 A, B, C에 이르는 거리는 모두 같다. 우선 두 점 A, B를 보자. 두 거리는 서로 같고 이 점은 분명히 선분 $\overline{AB}$의 중심을 지나는 수선 위에 있다. 그럼 다시 선분 $\overline{BC}$를 보자. 두 점 B, C에 이르는 거리가 같은 점은 선분 $\overline{BC}$의 중점을 지나는 수선이다. 당연히 세 점 A, B, C는 같은 직선 위에 있지 않다. 그러므로 선분 $\overline{AB}$, $\overline{BC}$의 중심을 지나는 직선은 오직 한 점에서 만난다. 우리는 이 점을 O라고 하고, 이 점은 원의 중심이 된다. 선분 $\overline{OA}$의 길이는 원의 반지름으로, 이 원은 반드시 점 A, B, C를 지나고 점 O는 유일하기 때문에 이런 원도 하나뿐이다.

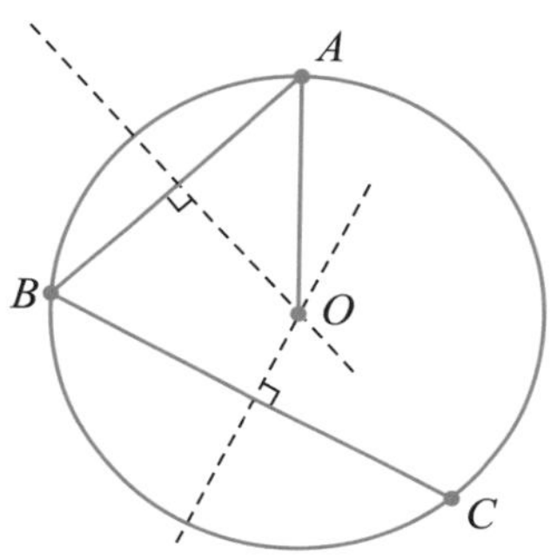

5. 직선과 원의 위치관계

평면 위에 원 O가 있다. 여기에 직선 l을 그릴 때, 직선 l의 위치는 어떻게 표현될까?

이 직선의 위치는 원 O의 위치를 고려해야 한다. 원 O는 평면 위에서 이미 위치관계를 가지는데 평면을 원의 내부, 원 위, 원의 외부로 세 부분으로 나눈다. 따라서 우리는 이 직선을 움직인다고 생각할 것이다.

직선 l을 이동시키자. 원 O의 밖에서부터 시작하여 원을 향해 접근해간다. 원주를 지나 원의 내부로 평행이동하는 과정에서 다시 원주와 원의 외부에 놓이게 된다.

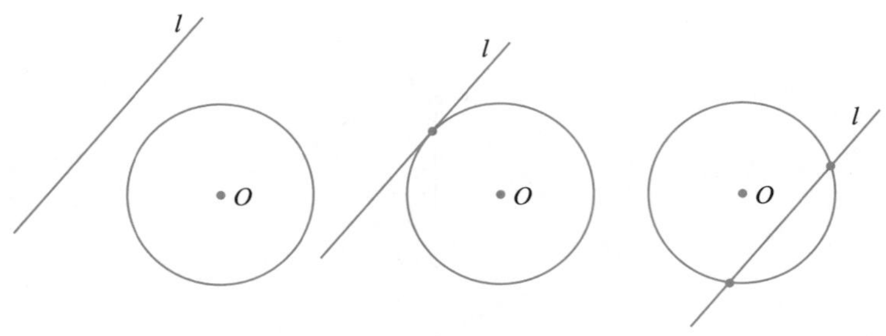

이 과정에서 우리는 직선 l과 원 O의 서로 다른 위치가 두 도형의 교점의 개수로 구분되는 것을 확인할 수 있다. 직선 l과 원 O가 교점이 없거나 직선 l과 원 O는 한 점에서 만나거나 직선 l이 원 O의 내부로 이동하면 직선 l과 원 O는 서로 다른 두 점을 교점으로 가진다. 직선 l이 이동하는 과정에서 우리는 두 도형의 교점의 수가 변하는 것을 확인하고 더 이동하면 교점은 다시 없어진다.

직선과 원의 위치관계에 대해 정의를 내리면 다음과 같다.

직선과 원이 두 개의 공통점을 가질 때 '직선과 원이 만난다'라고 하며, 이 직선을 **원의 할선**이라고 부른다. 직선과 원이 하나의 공통점만을 가진다면 '직선과 원이 접한다'라고 하고 이 직선을 **접선**이라고 부른다. 만약 직선과 원이 공통점을 가지지 않는다면 이때의 위치관계는 서로 만나지 않는 경우이다. 이렇게 봤을 때 직선과 원은 서로 떨어져있거나 서로 접하거나 서로 만난다. 이것이 직선 l과 원 O의 위치관계이다.

만약 직선 l이 점 A가 접점인 원의 접선이라면 반지름 $\overline{OA}$는 반드시 직선 l에 수직일까?

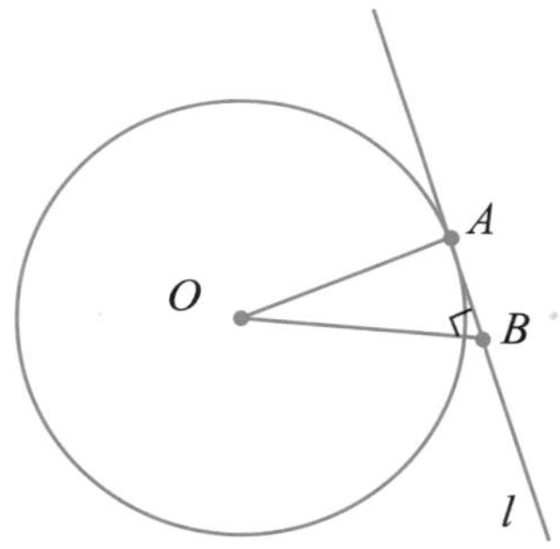

반지름 $\overline{OA}$가 직선 l에 수직이 아니라고 하자. 이때, 점 O를 지나고 직선 l에 수선을 $\overline{OB}$라고 하면 직각삼각형 $\triangle OAB$를 얻는다. 여기서 $\overline{OB}$는 직각변, $\overline{OA}$는 빗변이 된다. 즉, $\overline{OB}$는 $\overline{OA}$보다 길이가 짧은 것이 분명하다. 그러나 $\overline{OA}$는 원의 반지름이고 $\overline{OB}$는 원의 중심에서 직선에 이르는 거리로 반지름의 길이보다 작게 되어 직선 l과 원 O는 서로 만나게 된다. 따라서 이는 가정에 모순이다. 그러므로 직선 l이 점 A가 접점인 원의 접선이라면 $\overline{OA}$는 접선 l과 수직이다.

"원의 접선은 접점을 지나는 반지름에 수직이다."

6. 호의 길이와 부채꼴의 넓이

호와 원의 중심각 사이의 관계를 식으로 어떻게 나타낼 수 있을까?

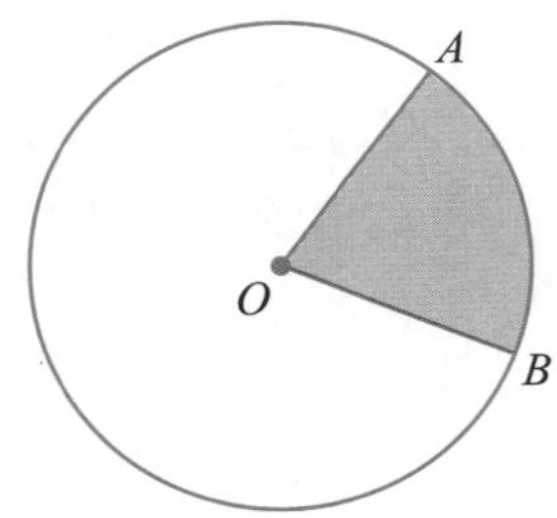

"같은 호에 대해 중심각의 크기도 서로 같다."

이 논리에 따르면, 원의 중심각의 크기에 따라 호의 길이도 정해진다. 삼각형, 사각형 등과 같이 직선으로 둘러싸인 도형일 때, 우리는 둘러싸인 넓이가 얼마인지 그려본다. 그렇다면 호의 길이 계산 문제를 풀기 전에, 원의 중심각에서 두 반지름과 원의 중심각이 대응하는 호로 둘러싸인 도형의 넓이(부채꼴의 넓이라고도 부른다)도 계산할 수 있지 않을까?

각이 주어진 어떤 곡선의 길이 혹은 곡선으로 둘러싸인 도형의 넓이는 어떻게 구할 수 있을까? 원의 중심각 1°에 대응하는 호의 길이와 부채꼴 넓이를 계산해 보자.

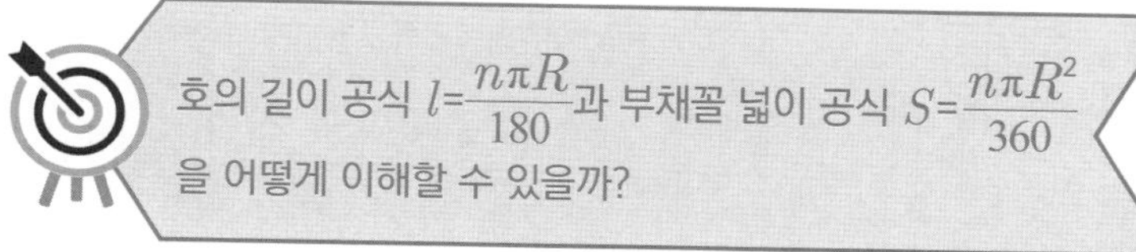

호의 길이 공식 $l=\frac{n\pi R}{180}$과 부채꼴 넓이 공식 $S=\frac{n\pi R^2}{360}$을 어떻게 이해할 수 있을까?

$l=\frac{n\pi R}{180}$은 원주와 중심각의 관계를 식으로 나타낸 것이다. 동일한 원에서 원의 반지름 R은 정해진다. 그러므로 이 공식에서 호의 길이는 대응하는 원의 중심각의 값 n에 대한 함수이다. 원의 중심각의 크기 n이 변함에 따라 호의 길이 l은 변한다.

같은 방법으로 부채꼴 넓이 S도 대응하는 호의 중심각의 크기 n에 대한 함수이다.

MATH TALK

우리는 호의 길이 공식과 부채꼴 넓이 공식을 알았다. 이보다 더 중요한 것은 호의 길이 또는 부채꼴 넓이의 변화가 대응하는 원의 중심각의 크기 변화에 따른 결과라는 것을 이해하게 된 것이다.
호의 길이와 부채꼴 넓이를 공부하며, 눈앞에 펼쳐진 내용에만 국한하거나 공식을 기억하는 것에만 그치지 않고 공식에서 이끌어낸 내용을 문제를 이해하는 과정에 연결시켜보길 바란다.

문제해결은 생각의 결과다

어떻게 수학 문제를 푸는 방법을 찾을까?

학창시절, 수학 문제는 항상 우리를 따라 다닌다. '왜 이렇게 많은 수학 주제를 다룰까?', '왜 수학 문제를 풀어야 하지?', '수학성적이 생각대로 나오지 않으면 왜 그 원인은 내가 문제를 적게 풀어서 그렇다고들 말할까?' 이런 생각들은 누구나 한 번쯤 해 봤을 것이다.

문제를 얼마나 풀었느냐에 따라 문제해결능력이 결정되는 것처럼 보일 때가 있다. 하지만 현실은 우리가 막대한 시간을 투자하여 최대한 많은 양의 문제를 푼다고 하더라도 수학성적이 월등히 향상된다는 보장이 없다는 것이다.

또 한편으로는 문제 푸는 방법을 많이 알고 있을수록 문제해결능력이 높아진다고 생각한다. 여기에서 방법을 많이 알고 있다는 것은 수학 문제를 풀 때 여러 풀이를 제시할 줄 알아야 하고, 나아가 똑같은 수학 문제라고 하더라도 다양한 풀이 방법을 탐구한다는 것을 말한다. 어떤 학생들은 '풀이 방법을 많이 알고 있으면 문제해결력은 자연스럽게 높아진다'라고 말하는데, 과연 그럴까?

정형화된 문제풀이 방법은 우리에게 비교적 익숙하다. 대체로 수학 문제를 형식적으로 분류하고 문제별로 풀이 방법을 제시한다. 최대한 빠르게 문제 유형을 파악해 문제를 풀 수 있도록 하는 것이다.

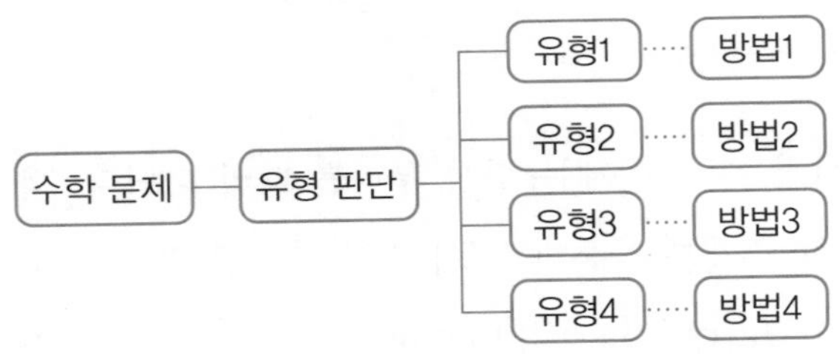

유형 파악 위주로 문제를 풀게 되면, 문제 자체에 대한 이해를 소홀히 하기 쉽다. 문제의 본질을 분석하는 것이 중요하다. 문제 유형을 파악하지 못할 때 우리는 문제를 풀 수 없다고 스스로 단정 짓고 문제를 푸는 것 자체를 포기할 수 있다.

또 물론 많은 문제를 반복해서 푸는 훈련은 문제 유형을 빠르게 파악할 수 있게는 하지만, 입시 문제의 유형은 날로 새로워지고 익숙한 문제가 나오지 않을 수도 있다. 이때 우리는 새로운 문제에 자신이 없어지고 나중에는 문제를 풀 수 없는 지경에 이르기도 한다.

우리가 자주 접하는 수학 문제는 두 가지 요소를 포함하고 있다. 하나는 함수식, 곡선방정식, 공간도형, 수열의 일반항 등과 같은 문제에서 읽을 수 있는 것들이다. 이런 것들은 꼭 하나가 아니라 더 많을 수 있다. 또 다른 요소는 구체적인 문제 풀이를 끄집어내야 한다는 것이다.

MATH TALK

두 가지를 기억하자.

1. 문제에서 풀어야 하는 핵심이 무엇인가?
2. 풀어야 하는 부분을 정확히 파악한 후, 그 다음 단계에서 해야 할 일은 무엇인가?

함수 $f(x)=\begin{cases} x^2+4x, & x\geq 0 \\ 4x-x^2, & x<0 \end{cases}$ 에 대하여, $f(2-a^2)>f(a)$ 를 만족하는 실수 a값의 범위를 구하여라.

분석

주어진 문제에서 풀어야 하는 핵심은

함수 $f(x)=\begin{cases} x^2+4x, & x\geq 0 \\ 4x-x^2, & x<0 \end{cases}$ 이다.

"$f(2-a^2)>f(a)$을 만족하는 실수 a값의 범위를 구하여라."는 $f(x)$에 대해 구체적인 문제를 제기한다.

함수 $f(x)=\begin{cases} x^2+4x, & x\geq 0 \\ 4x-x^2, & x<0 \end{cases}$은 어떤 성질이 있을까?

$x>0$일 때, 대응하는 함숫값은 $f(x)=x^2+4x$이다. $-x<0$이므로 대응하는 함숫값은 $f(-x)=-4x-x^2$이다. 함수 $f(x)$의 관점에서는 부호가 서로 다른 두 변수를 취할 때, 함숫값도 서로 상반된다.

같은 방법으로 $x<0$일 때, 이것과 부호가 반대인 값 $-x>0$이 취하는 함숫값도 서로 상반된다. 또한, $x=0$일 때, $f(0)=0$이므로 기함수이고 그래프에서 원점대칭이다.

바로 이 대칭성으로 인해 함수의 범위는 $x\geq 0$으로 축소되고 이때, $f(x)=x^2+4x$이다. 함수식으로부터 알 수 있는 것은, $x\geq 0$일 때, $y\geq 0$으로 함수 그래프는 원점을 지나고 제1사분면에 나타난다. $x\geq 0$일 때, $f(x)=x^2+4x$는 단조증가이므로 $f(x)$는 $x\geq 0$일 때, 증가하는 그래프를 그릴 수 있다. 다음 그림과 같이 원점대칭 성질을 가지는 기함수로 표현된다. 이로써 함수 $f(x)$의 성질을 알아보았다.

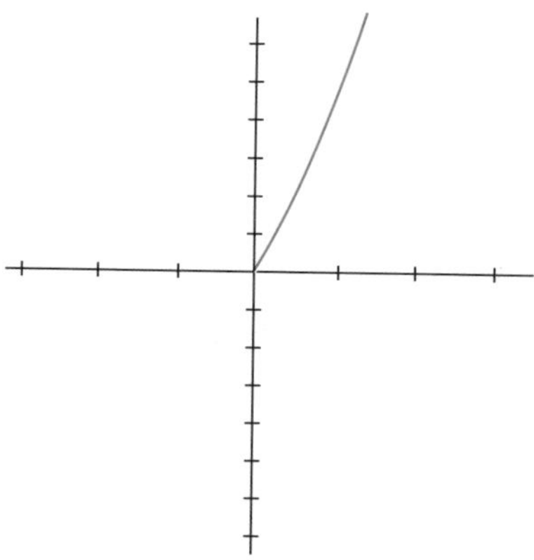

그렇다면 구체적으로 문제를 푸는 방법은 어떻게 알 수 있을까?

이 함수의 "$f(2-a^2)>f(a)$를 만족하는 실수 a값의 범위를 구하여라."에서 함수 $f(x)$는 주어진 정의역에서 단조증가함수이므로, 변량의 크기 관계는 $2-a^2>a$임을 알 수 있다.

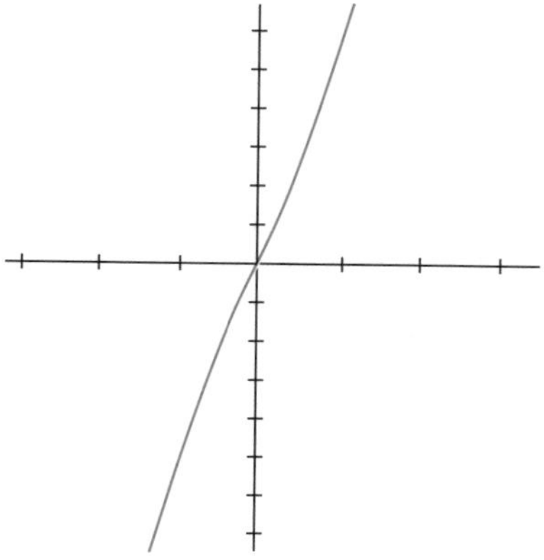

문제를 아래와 같이 조금 바꿔 보면 어떨까?

함수 $f(x)=\begin{cases} x^2+4x, & x \geq 0 \\ 4x-x^2, & x < 0 \end{cases}$ 에 대하여,
$f(2-a^2)+f(a)>0$를 만족하는 실수 a값의 범위를 구하여라.

함수 $f(x)$가 기함수임을 알고 있으므로 조건을 $f(2-a^2)>-f(a)$로 바꿔서 생각하면 기함수의 성질에 의해 $f(2-a^2)>f(-a)$이고 단조증가 성질로 $2-a^2>-a$이다. 이렇게 문제에서 풀어야 하는 핵심을 알기만 하면 풀이 방법을 알 수 있다.

우함수 $f(x)$가 $f(x)=2^x-4(x \geq 0)$을 만족한다고 하자.
$f(x-2)>0$일 때, 실수 x값의 범위를 구하여라.

분석

이 문제에서 핵심은 함수 $f(x)$이다. 우선 이 함수의 성질을 알아야 한다.

문제의 뜻에 근거하여 알 수 있는 것은 함수의 정의역은 실수 R이고 대칭성을 가지며 우함수이다. 일단 '절반'에 해당하는 성질을 먼저 보자. $x \geq 0$일 때, $f(x)=2^x-4$이고 단조증가함수임을 안다. $x=2$일 때, 함숫값은 0이고, $f(0)=-3$이므로 $x \geq 0$에서 함수 $f(x)$의 그래프를 그릴 수 있다. 우함수의 대칭성에 의해, $x<0$일 때 함수 그래프를 알 수 있고 $f(x)$의 완전한 그래프를 얻는다. 여기까지, 일반적인 방법을 이용하여 함수 $f(x)$의 성질을 알아보았다.

풀어야 하는 부분은 "$f(x-2)>0$일 때, 실수 x값의 범위를 구하여라."이다. 다음과 같이 세 가지 풀이 방법이 있다.

(1) 조건에서 부등식의 좌변 $f(x-2)$를 함수 $f(x)$로 이해한다면, $x-2$는 변량이 되고 함수 $f(x)$의 성질에 의해 $x-2>2$ 또는 $x-2<-2$일 때, 함수 $f(x)>0$에서 x가 취하는 값의 범위는 $(-\infty, 0) \cup (4, +\infty)$가 된다.

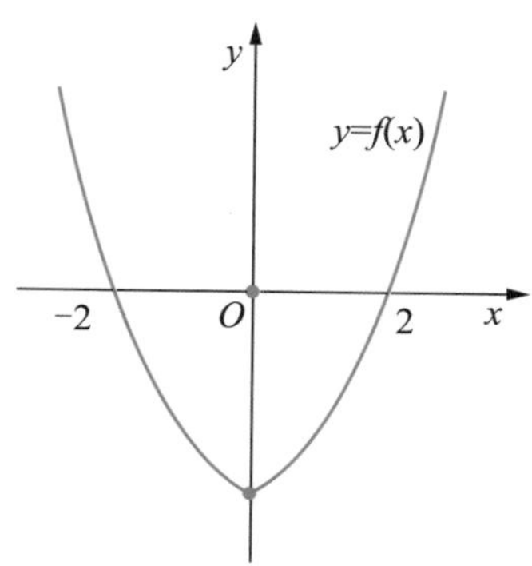

(2) 우리는 또 조건의 부등식 좌변 $f(x-2)$를 x에 대한 함수로 이해할 수 있다. 그러면 이 함수의 성질은 바로 $f(x-2)$와 함수 $f(x)$의 관계를 빌려 얻을 수 있다. $f(x-2)$의 그래프를 가져와 보면 함수 $f(x)$의 그래프를 오른쪽으로 2만큼 이동한 것으로 $f(x-2)$의 그래프를 얻는다. 또한, 함수 $f(x-2)$의 성질을 보면 그래프에서 확인할 수 있는 것처럼 x가 취하는 값의 범위가 $(-\infty, 0)\cup(4, +\infty)$일 때 함수의 그래프는 모두 x축의 위쪽에 그려진다.

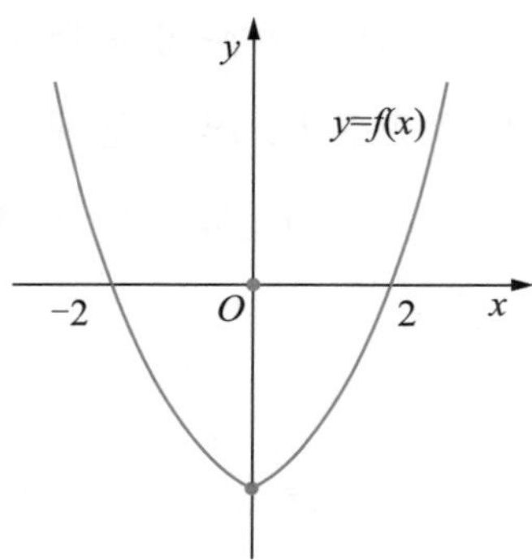

(3) 우리는 또한 조건의 부등식 $f(x-2)>0$에서 우변의 0을 함수 $f(x)$의 함숫값으로 볼 수 있다. 함수 $f(x)$의 성질에서 $f(\pm 2)=0$을 알고 있다. 이때 함수 $f(x)$가 만족하는 조건은 바로 $f(x-2)>f(\pm 2)$이다. 부등식의 각 변은 함수 $f(x)$의 함숫값으로 함수 $f(x)$의 그래프로부터 함숫값은 점점 커지고 대응하는

변량의 절댓값도 점점 커진다.

즉, $|x-2|>|\pm 2|$이다. 그러므로 x가 취하는 값의 범위는 $(-\infty, 0)\cup(4, +\infty)$가 된다.

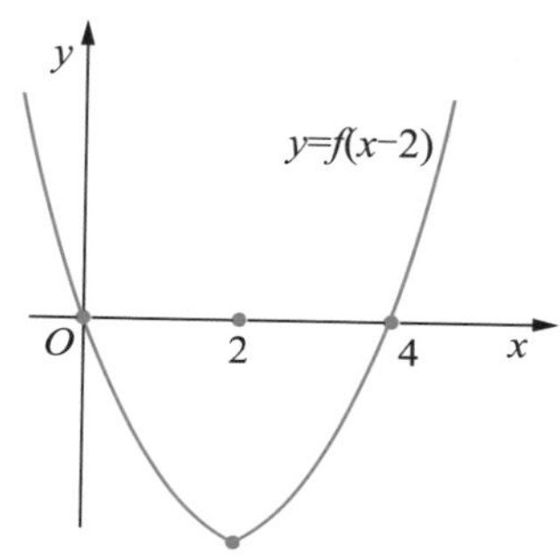

MATH TALK

수학 문제를 푸는 방법에는 두 가지가 있다. 하나는 일반적인 방법이다. 문제 핵심의 성질 또는 관계를 연구한다. 또 다른 하나는 구체적으로 풀어야 하는 부분에 대한 풀이 방법이다. 이 방법은 문제 핵심의 성질 또는 관계를 이용하여 구한다.

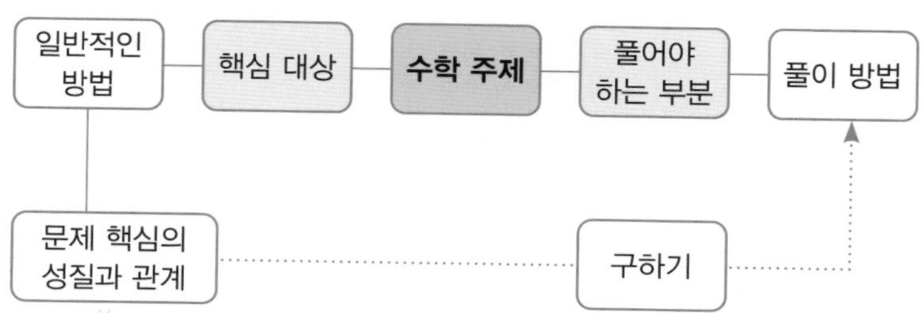

숨겨진 논리를 읽어라

함수 그래프를 어떻게 분석할까?

함수에서 독립변수 x의 변화가 종속변수 y의 변화에 어떻게 영향을 줄까?

- 함수의 정의역에서 만약 함수의 x값의 합이 0이 되는 서로 다른 두 값이 대응하는 함숫값이 서로 상반되거나 서로 같으면 이것은 곧 함수의 기함수 또는 우함수 성질을 나타낸다.
- 함수의 x값이 취하는 값의 차이가 동일한 하나의 상수값일 때, 함숫값은 변화가 없다. 이것은 함수의 주기성이다.
- x값이 끊임없이 증가할 때, y값이 증가 또는 감소하도록 하면, 이런 변화 규칙을 함수의 단조성이라고 한다.

좌표평면에서 함수를 표현하여 함수의 모양을 이해할 수 있다. 함수의 독립변수 x를 가로축에, 함수의 종속변수 y를 세로축에 두면 좌표평면에서 좌표 (x, y)에 대응하는 점이 그리는 도형이 바로 함수의 그래프가 된다.

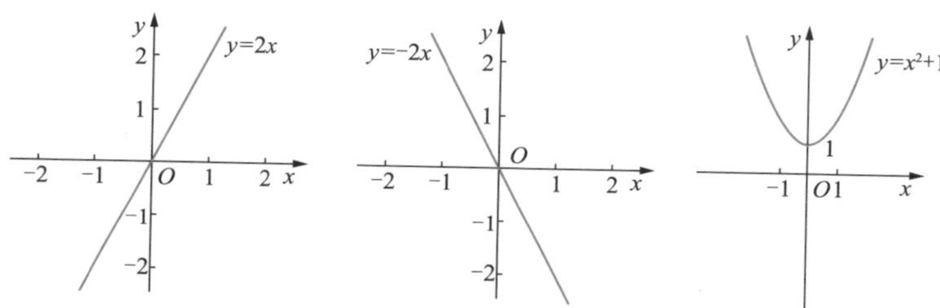

MATH TALK

함수 $y=f(x)(x \in A)$의 정의역의 각 원소 x값에 대해서 y값이 단 하나 대응될 때, 이 두 대응하는 수로 (x, y)를 만들고 이를 점 P의 좌표라고 한다. 즉, 모든 점 $P(x, y)$의 집합을 함수 $y=f(x)$의 그래프라고 한다.

$$F=\{P(x, y) \mid y=f(x), x \in A\}$$

F는 함수 $y=f(x)$의 그래프로서 그래프 위의 임의의 좌표 (x, y)는 $y=f(x)$를 만족한다. 다시 말해서, $y=f(x)$를 만족하는 점 (x, y)는 모두 그래프 F 위에 있다.

함수 그래프는 함수의 성질을 직관적으로 보여준다. 그렇다면, 함수 그래프에서 무엇을 봐야 할까?

문제

다음 그림에 주어진 함수 그래프는 소명이가 집에서 출발하여 식당에서 아침밥을 먹고 도서관에서 신문을 본 후에 집으로 돌아가는 것을 나타내고 있다. 그래프를 보고 아래 물음에 답해 보자.

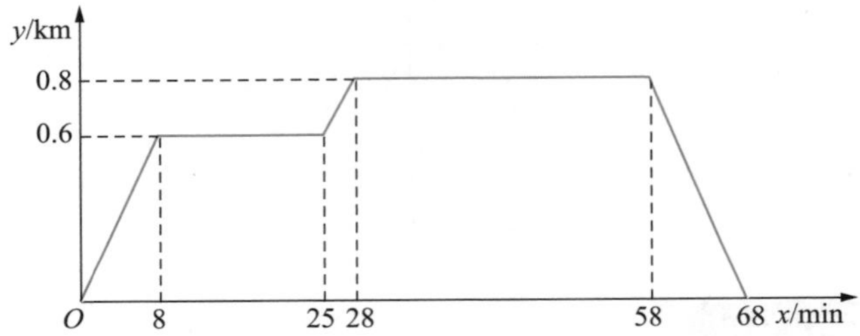

(1) 식당은 집에서 얼마나 떨어져 있는가? 소명이의 집에서 식당까지 걸리는 시간은 얼마인가?

(2) 소명이는 아침 먹는 시간이 얼마나 걸렸을까?

(3) 식당에서 도서관까지의 거리는? 소명이가 식당에서 도서관까지 가는 데 걸리는 시간은?

(4) 소명이는 신문 읽는 데 얼마나 시간을 소요했는가?

(5) 도서관은 소명이의 집에서 얼마나 떨어져 있는가? 소명이는 도서관에서 집으로 돌아가는 데 평균 얼마의 속도로 가는가?

위 5가지 질문은 모두 그래프에서 주어진 정보로 계산할 수 있다. 이 함수의 독립변수는 시간(x), 종속변수는 소명이 집으로부터의 거리(y)이다.

문제 (1)은 함숫값과 대응하는 x의 값을 구해야 한다.

문제 (2)는 독립변수의 값을 계산해야 한다.

문제 (3), (4), (5)도 (1), (2)와 같은 방법으로 알 수 있다.

위 문제에서 함수 개념에 대한 이해가 부족하거나 함수 성질의 관점에서 사고하지 않는다면 함수의 독립변수와 종속변수를 알아보기 힘들다.

실제로 이 함수 그래프를 둘러싼 함수적 사고의 관점에서 문제를 다음과 같이 제기할 수 있다.

독립변수 x는 종속변수 y에 어떤 영향을 줄까? 함수 그래프에서 상승하는 것은 어떤 의미를 나타낼까? 반대로 함수 그래프에서 하강하는 것은 어떤 의미일까? 또 그것이 보여주는 독립변수 x와 종속변수 y는 어떤 관계가 있을까? 함수 그래프와 x축과의 교점은 무슨 뜻을 가질까?

다음의 예를 보며, 어떻게 수학적으로 사고하여 함수 그래프를 이해할 수 있는지 알아보자.

소영이는 〈그림1〉과 같이 운동장 위를 같은 속도로 달리고 있다. 점 A에서 출발하여 선에 표시된 방향을 따라 점 B를 지나고 점 C에 이른다. 이때 걸리는 시간은 총 30초이다. 감독관은 어떤 지점을 하나 정해서 소영이가 달리는 과정을 관찰한다. 소영이가 달리는 데 걸리는 시간을 t(단위: 초), 소영이와 감독관의 거리를 y(단위: 미터)라고 하자. t와 y의 함수 관계 그래프는 〈그림2〉로 나타난다. 감독관이 있는 지점은 〈그림1〉에서 ______가 가능하다.

A. M B. N C. P D. Q

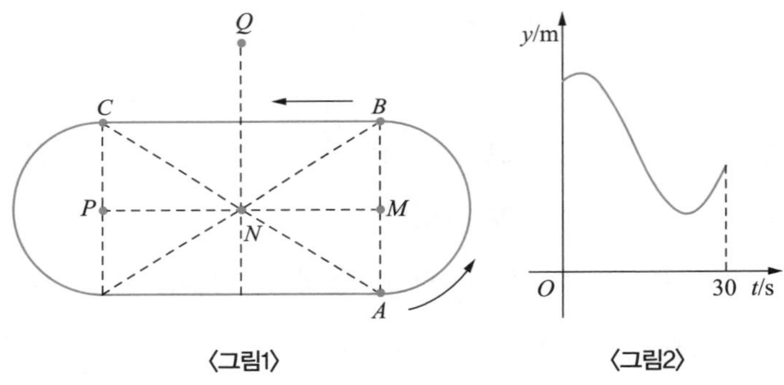

〈그림1〉 〈그림2〉

문제의 설명과 주어진 함수 그래프를 활용하여 문제를 이해하고 풀 수 있다.

분석

주어진 문제에서 하나의 함수를 함수의 그래프로 추상하면 이 그래프는 함수의 성질을 직관적으로 나타낸다.

두 그래프 중 무엇을 먼저 봐야 할까?

당연히 함수 그래프를 먼저 본다. 함수 그래프를 보며 이 함수의 성질을 이해할 수 있다.

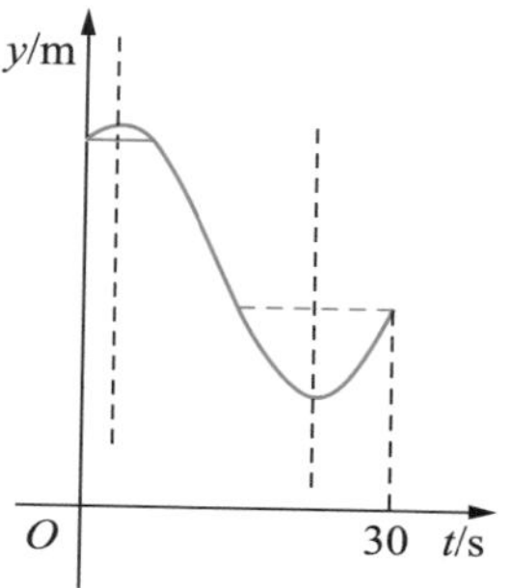

그래프에서 독립변수 t를 증가시킴에 따라 이 함수는 증가하다가 감소, 다시 증가함을 어렵지 않게 확인할 수 있다. 또한 시간 t가 증가함에 따라 함숫값 y는 커지다가 작아지고 다시 커진다.

다음은 감독관의 위치가 고정되지 않을 때, 대응하는 함수는 어떤 성질이 있으며 그래프는 어떤 모양이어야 하는지에 대한 논의이다.

감독관이 점 M의 위치에 있을 때, 시간 t의 변화에 따라 소영이는 점 A에서 달리기 시작한다. 운동장 그림에서 점 A에서 점 B로 시간 t가 증가함에 따라 소영이와 감독관의 거리 y에는 어떤 변화도 없다는 것을 볼 수 있다. 소영이의 달리기 궤도는 점 M을 중심으로 하는 반원의 호이기 때문이다. 그러면 함수에서 표현된, 시간 t의 증가에 따라 대응하는 함숫값 y는 같은 것이다. 따라서 함수 그래프는 반드시 x축과 평행한다. 점 B에서 점 C까지, 시간 t의 변화에 따라, 소영이와 감독관의 거리 y는 갈수록 커진다. 소영이가 바로 점 C로 갈 때, 거리는 최대가 된다. 함수에서 보여주는 것은 단조증가 함수로, 그래프상에서 상승(증가)하는 것으로 나타난다.

이상의 분석을 종합하면, 감독관이 점 M에 있을 때, 대응하는 함수 그래프를 그릴 수 있을까?

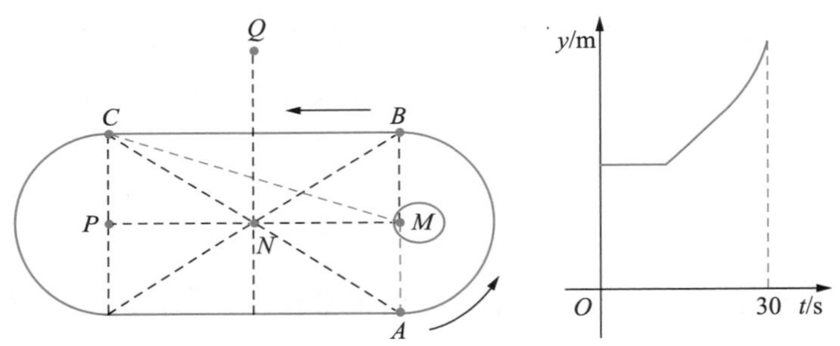

만약 감독관이 점 N에 있다면 우리는 점 A에서 점 B에 이르기까지 시간 t가 증가함에 따라 y값이 증가하다가 감소함을 알 수 있다. 달리는 경로에서 감독관의 위치로부터 우리는 대칭성을 어렵지 않게 확인할 수 있다. 그래프에서 보이는 것도 대칭하는 것이다. 점 B에서 점 C에 이르는 과정에서 함숫값 y는 시간 t가 증가함에 따라 감소하다가 증가하고 대칭성을 가진다. 그래프에서 나타나는 것은 또 뭐가 있을까?

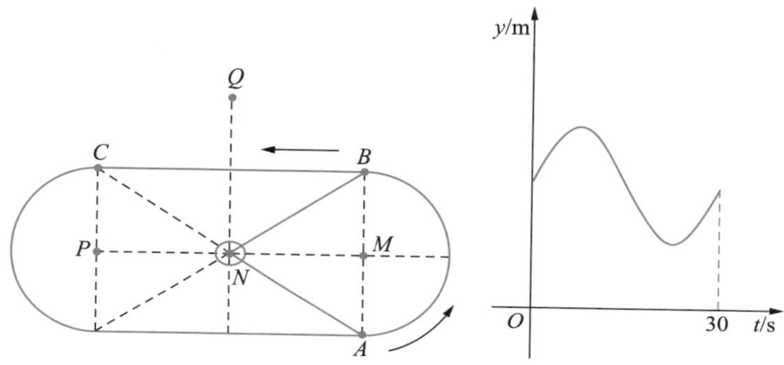

만약 감독관이 점 P에 있다면 점 A에서 점 B에 이르는 과정은 대칭이다. 함수도 증가하다가 감소한다. 점 B에서 점 C에 이르는 과정에서 함숫값 y는 시간 t가 증가함에 따라 줄곧 감소한다. 따라서 함수의 그래프는 상승하다가 이후에 감소하는 양상이다.

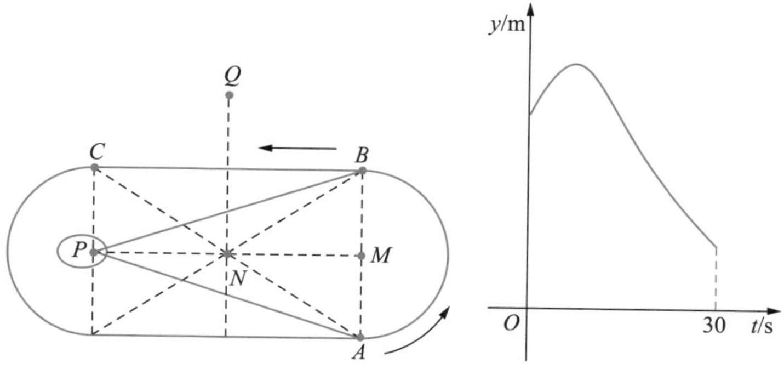

만약 감독관이 점 Q에 있으면, 소영이는 점 A에서 호의 중점에 이르기까지 다음 그래프에서 볼 수 있듯 대칭성을 가진다. y값은 작은 것에서 큰 것으로, 다시 큰 것에서 작은 것으로 변한다. 이후 호의 중점에서 점 B에 이르기까지 함숫값 y는 큰 것에서 작은 것이 되는데, 대칭성을 가지지 않는 특징이 있다. 함수 그래프는 아래를 향한다.

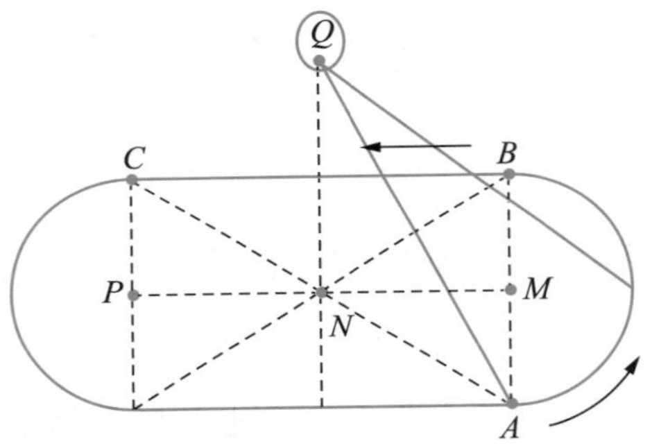

그런 후에 점 B에서 점 C까지 함숫값 y는 큰 값에서 작은 값이 되고 선분의 중점에 이르렀을 때 최소가 되었다가 다시 증가한다. 문제에서 함수 그래프는 바로 감독관의 위치 Q에서 소영이를 관찰한다는 것을 보여주는데, 대응하는 거리 y와 시간 t의 함수관계이다.

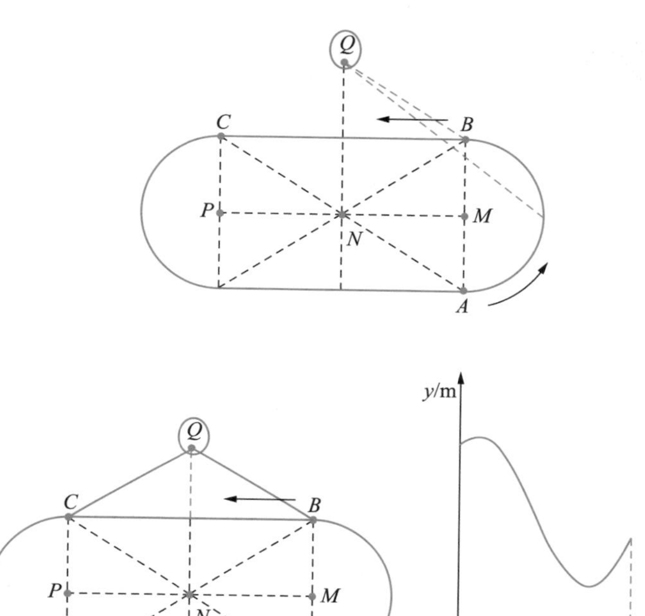
Q
C
B
P
M
N
A
y/m
O
30
t/s

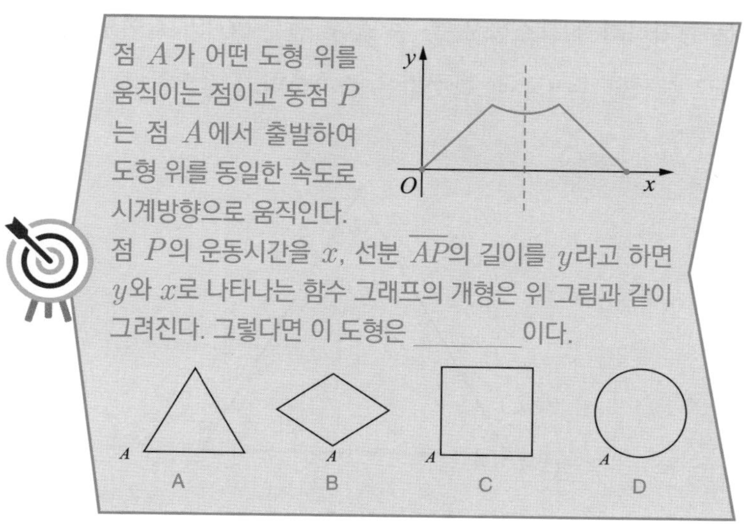
점 A가 어떤 도형 위를 움직이는 점이고 동점 P는 점 A에서 출발하여 도형 위를 동일한 속도로 시계방향으로 움직인다.
y
O
x
점 P의 운동시간을 x, 선분 $\overline{AP}$의 길이를 y라고 하면 y와 x로 나타나는 함수 그래프의 개형은 위 그림과 같이 그려진다. 그렇다면 이 도형은 ________이다.
A
B
C
D

분석

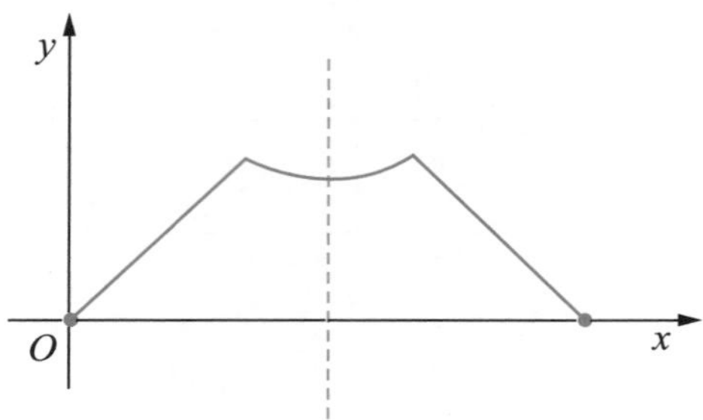

이번에도 함수 그래프로 생각해 보자. 그래프를 통해 나타나는 이 함수의 성질은 무엇일까?

우선 그래프를 보면 어떤 직선에 대해 대칭이다. 그렇다면 우리는 대칭축을 기준으로 한쪽 그래프만 봐도 된다. 예를 들어, 대칭축의 왼쪽 그래프만 관찰하면 x값이 증가함에 따라 그래프는 증가하다가 감소함을 볼 수 있다. 선분 $\overline{AP}$의 길이도 함숫값 y로 분석할 수 있는데 함숫값은 증가하다가 감소한다.

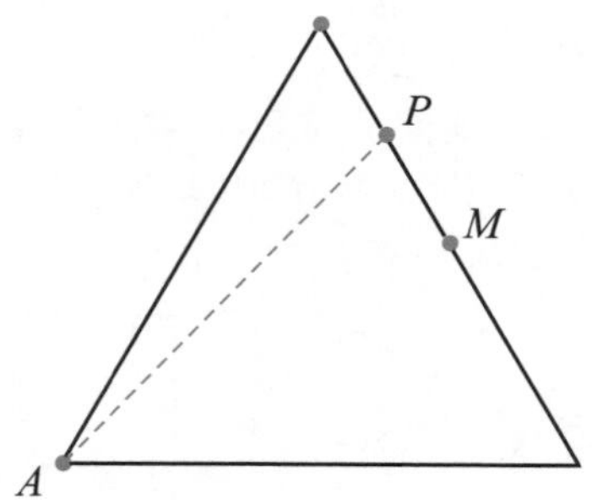

다음에서 우리는 문제에서 제시한 네 가지 상황을 분석한다.

이 도형은 이등변삼각형으로 점 P는 점 A에서 움직이기 시작한다. 삼각형의 변을 따라 시계방향으로 운동하며, 이 과정에서 시간 x가 증가함에 따라 선분 $\overline{AP}$의 길이는 증가하고 이에 대응하는 함수는 단조증가함수이다. 이등변삼각형의 꼭짓점에 왔을 때 계속 운동하면 선분 $\overline{AP}$의 길이는 감소하기 시작하고, 두 번째 변의 중점(점 M이라 하자)에 왔을 때 최소가 된다. 이등변삼각형은 대칭도형이므로 선분 $\overline{AM}$을 포함한 직선이 바로 대칭축이 된다. 따라서 동점 P가 계속 운동할 때, 방금 전의 변화는 반복되며 또한 대칭이다.

위의 분석에서 대응하는 함수 그래프를 얻을 수 있다.

만약 동점 P를 다른 상황에 놓으면, 대응하는 함수 그래프는 어떤 모양이 될까?

만약 동점 P가 마름모 위에 있으면, 점 A에서 시작하는 시계방향으로 도는 운동은 어떻게 될까?

마름모는 축대칭성을 가지므로 그것의 대각선은 바로 대칭축이다. 따라서 우리는 점 A에서 출발하여 두 변을 지나는 동점 P의 상황을 분석하기만 하면 된다.

선분 $\overline{AP}$의 길이는 시간 x가 증가함에 따라 커지기 시작하고 마름모의 꼭짓점에 왔을 때 작아지기 시작한다. 두 번째 변의 중점 N에 왔을 때 최소가 되면 이후에 다음 꼭짓점에 이를 때까지 다시 증가한다. 함수 그래프에서 보면, 증가하다가 감소 그리고 증가한다. 이후에 함수의 전체적인 대칭 성질을 이용하면 이런 상황에서 함수 그래프를 알 수 있으며 아래 그림과 같다.

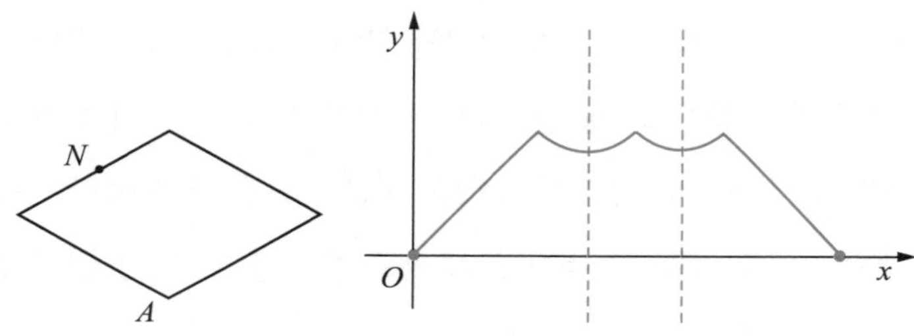

만약 동점 P가 정사각형 위에 있으면 점 A에서 시작하는 시계방향으로 운동은 정사각형도 축대칭도형이므로 대각선이 바로 대칭축이 된다. 우리는 여전히 대각선 한 쪽에 있는 두 변 위를 움직이는 동점 P를 분석하기 때문에 시간 x는 대각선 $\overline{AP}$ 길이를 변하게 한다. 완전한 함수 그래프는 다음과 같다.

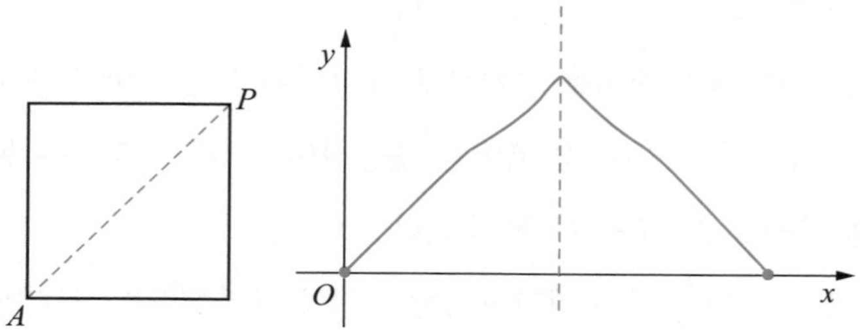

만약 동점 P가 원 위에 있으면 점 A에서 시계방향으로 운동하는 함수의 변화 상태를 설명할 수 있을까? 또 이것을 함수 그래프로 그릴 수 있을까?

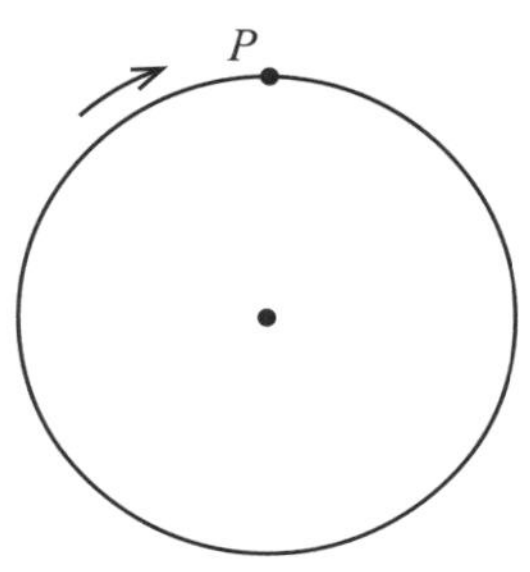

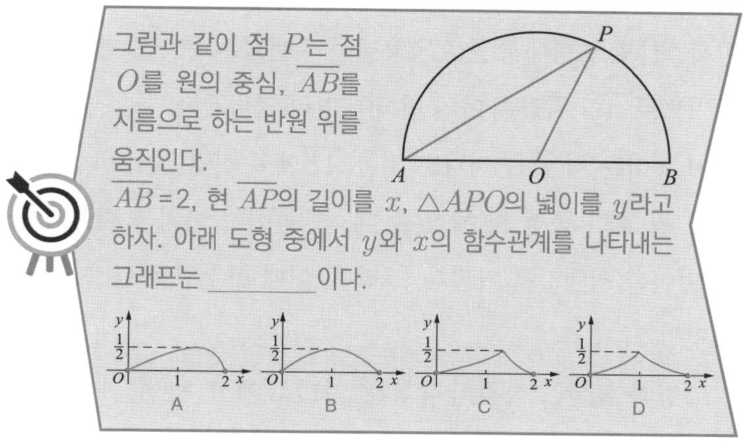
그림과 같이 점 P는 점 O를 원의 중심, $\overline{AB}$를 지름으로 하는 반원 위를 움직인다.
$\overline{AB}=2$, 현 $\overline{AP}$의 길이를 x, $\triangle APO$의 넓이를 y라고 하자. 아래 도형 중에서 y와 x의 함수관계를 나타내는 그래프는 ________이다.

분석

문제에서는 함수식을 제시하지 않는다. 대신 실제 도형과 대응하는 함수 그래프를 제시하였다. 우리는 이 도형을 가지고 함수의 성질을 이해해야 하고, 어느 것이 이 함수를 나타내는 그래프인지 확정해야 한다.

우선, 문제에서 독립변수는 현 $\overline{AP}$의 길이임에 주의해야 한다. 동점 P는 점 A(A를 포함하지 않는)로부터 반원의 호를 따라 점 B(B를 포함하지 않는)까지 움직인다. 선분 $\overline{AP}$의 길이는 0에서 2까지이며 0과 2는 포함하지 않는다. 따라서 주어진 함수에서 x값이 취하는 범위는 $0<x<2$이다.

다음으로, 점 P가 점 A에서 점 B까지 움직일 때, x(현 $\overline{AP}$의 길이)가 커질수록 대응하는 함숫값 y($\triangle APO$의 넓이)는 어떻게 변할까? 실제 도형에서 $\triangle APO$ 넓이의 변화는 변 $\overline{AO}$가 고정된 값이므로 $\overline{AO}$ 위의 높이의 변화에 따라 달라진다.

이 높이는 점 P를 지나고 지름 $\overline{AB}$에 수직인 길이이다. 동점 P가 원 호의 중점 M에 있을 때, 즉 높이가 반지름 길이가 될 때 넓이는 최댓값을 가진다. 그러면, 이때 함수의 독립변수 x는 무엇인가?

그림과 같이, 직각삼각형 $\triangle AOM$에서 빗변 $\overline{AM}=x$, $\overline{AO}=\overline{MO}=1$이라고 하면 피타고라스 정리에 의해 $x=\sqrt{2}$를 구할 수 있다. 또한 x가 $\sqrt{2}$일 때, 함수 y가 최댓값을 가진다.

$\triangle AOP=\frac{1}{2}\overline{AO}\cdot\overline{MO}=\frac{1}{2}\times1\times1=\frac{1}{2}$ 이다.

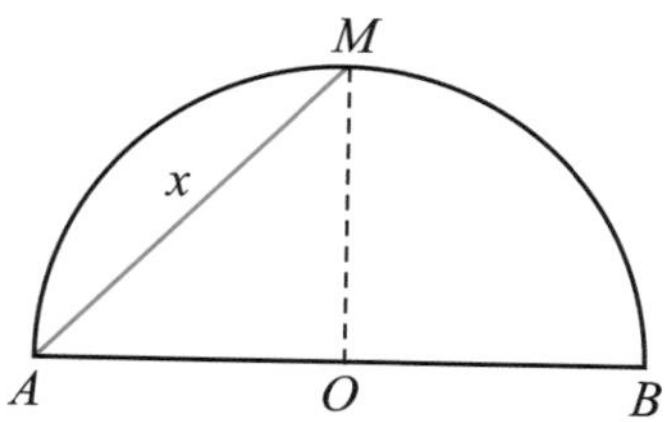

문제에 주어진 네 개의 함수에서 B와 D가 대응하는 함수 그래프는 $x=\sqrt{2}$일 때, 최댓값 $\frac{1}{2}$을 가진다는 성질을 만족하지 않는다.

그러면 A와 C 중에서 우리가 원하는 함수는 무엇일까?

우리는 $x=1$일 때 대응하는 함숫값의 크기에 관심을 가져야 한다. 주어진 함수 그래프로 가보면, $\overline{AP}=1$일 때, $\triangle APO$는 두 변의 길이가 1인 이등변삼각형이고 넓이가 최댓값에 근접할 때의 높이가 $\frac{\sqrt{3}}{2}\approx 0.866$이므로 문제 뜻에 적합한 함수 그래프는 A이다.

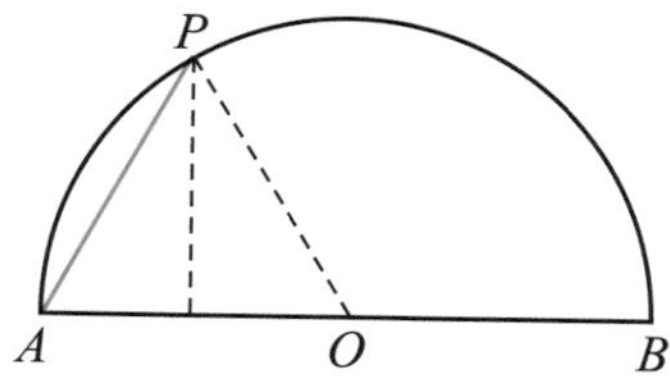

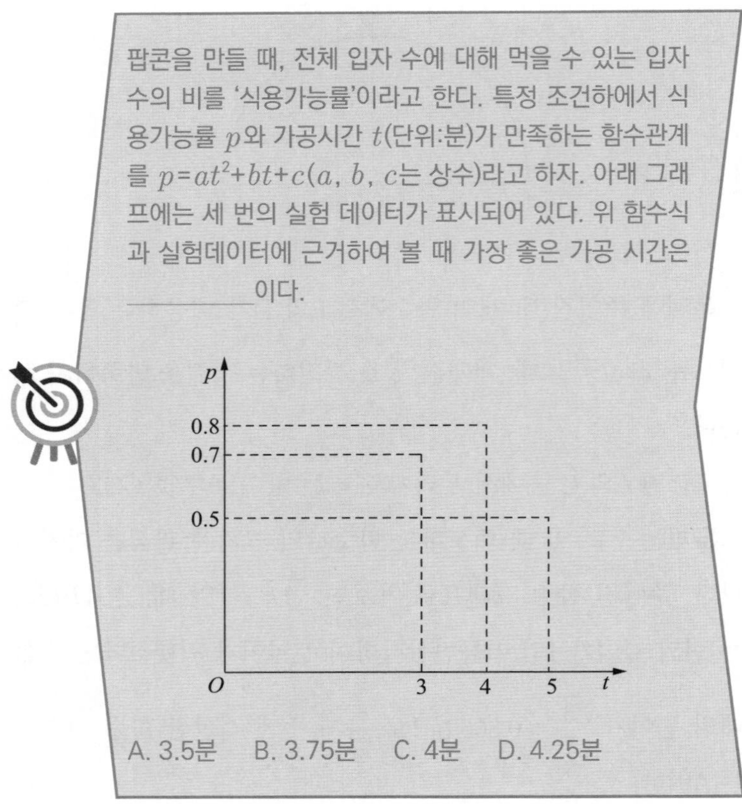

팝콘을 만들 때, 전체 입자 수에 대해 먹을 수 있는 입자 수의 비를 '식용가능률'이라고 한다. 특정 조건하에서 식용가능률 p와 가공시간 t(단위:분)가 만족하는 함수관계를 $p=at^2+bt+c(a,\ b,\ c$는 상수)라고 하자. 아래 그래프에는 세 번의 실험 데이터가 표시되어 있다. 위 함수식과 실험데이터에 근거하여 볼 때 가장 좋은 가공 시간은 __________이다.

A. 3.5분　B. 3.75분　C. 4분　D. 4.25분

분석

문제의 뜻에 따라, 식용가능률 p와 가공시간 t가 만족하는 이차함수 관계를 나타내는 그래프는 아래로 열려 있는 포물선이다. 이 함수를 어떻게 이해하면 좋을까?

이미 알고 있는 함수 그래프를 통해 이 함수의 성질을 분석해 보자.

$t=3$일 때, 즉 3분일 때, 식용가능률은 0.7이다.

$t=4$일 때, 즉 4분일 때, 식용가능률은 0.8이다.

시간이 늘어나면 충분히 가공이 된다. 그러면 가장 좋은 가공 시간은 얼마일까? 즉, 변량의 값이 얼마일 때, 함수값인 '식용가능률'이 최대일까?

우리는 이 함수가 이차함수인 것을 이미 알고 있기 때문에 이차함수의 대칭 성질을 이용해야 한다.

만약 가장 좋은 가공 시간이 4.25분이라면 이차함수의 대칭축도 $t=4.25$이다. 그러면, $t=3$일 때, 대응하는 함숫값은 $p=0.7$, 직선 $t=4.25$에 대칭인 변량 3은 명백히 5보다 크다. 그러나 대응하는 함숫값은 $t=5$일 때 대응하는 함숫값 $p=0.5$보다 크다. 이것과 이차함수의 대칭성은 부합하지 않는다.

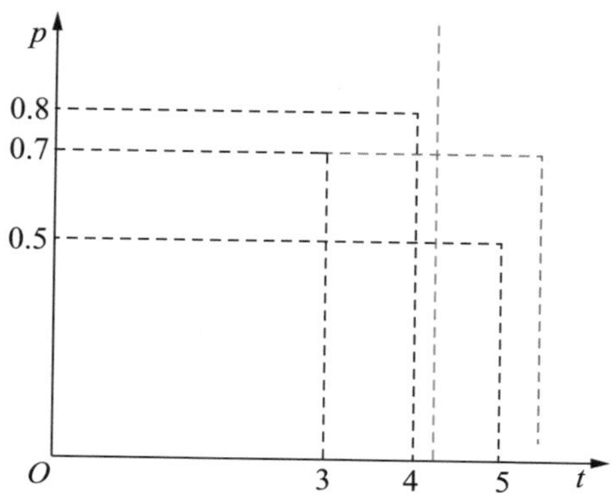

만약 가장 좋은 가공 시간이 4분이라면 문제의 뜻에 부합할까?

대칭축은 $t=4$이므로 $t=3$과 $t=5$에 대응하는 식용가능률은 같은 값으로 문제에서 주어진 조건에 모순이다.

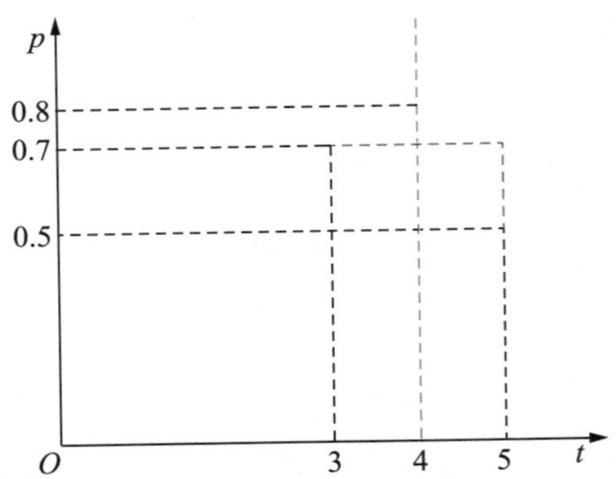

만약 가장 좋은 가공 시간이 3.5분이라면 $t=3$과 $t=4$는 직선 $t=3.5$에 관해 대칭이므로 대응하는 함숫값은 바로 식용가능률과 같다. 그러나 그래프에서는 성립하지 않는다.

만약 가장 좋은 가공 시간이 3.75분이라면, 이것 또한 대칭축이 $t=3.75$일 때이므로 문제에서 주어진 데이터는 모두 이차함수의 성질에 부합한다. 따라서 정답은 B이다.

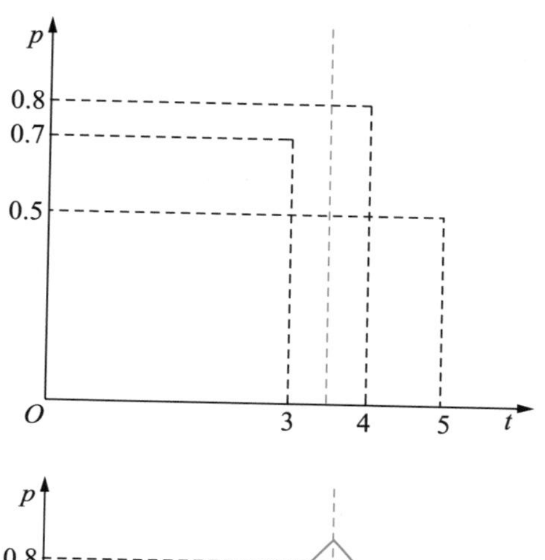

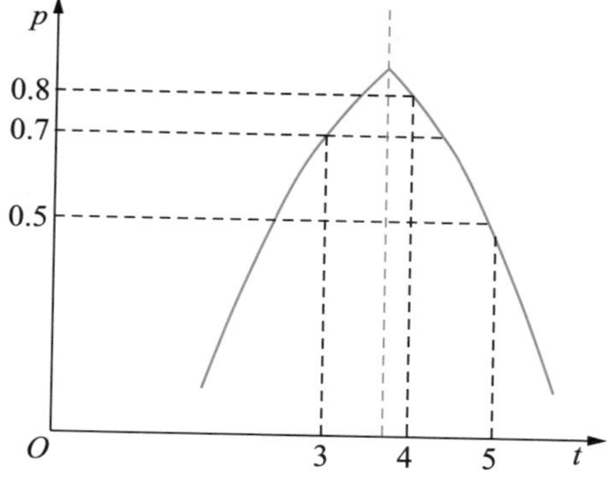

MATH TALK

이 문제에서 함수의 그래프는 없다. 단지 그래프 위에 3개의 상관된 데이터만 있을 뿐이다. 그러나 이 세 점이 이차함수 그래프 위의 점임을 알기 때문에 이차함수의 대칭성을 이용하여 문제를 풀 수 있다.

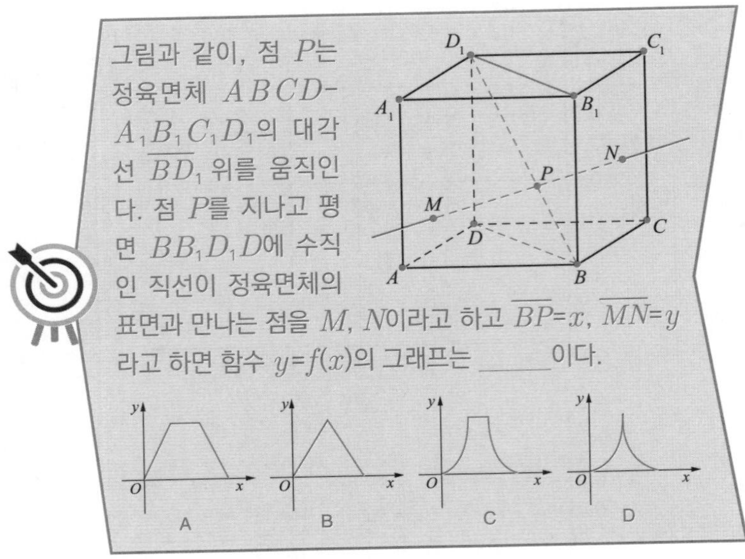

그림과 같이, 점 P는 정육면체 $ABCD$-$A_1B_1C_1D_1$의 대각선 $\overline{BD_1}$ 위를 움직인다. 점 P를 지나고 평면 BB_1D_1D에 수직인 직선이 정육면체의 표면과 만나는 점을 M, N이라고 하고 $\overline{BP}=x$, $\overline{MN}=y$라고 하면 함수 $y=f(x)$의 그래프는 ______이다.
D_1
C_1
A_1
B_1
N
P
M
D
C
A
B
A
B
C
D

분석

주어진 조건은 선분 $\overline{BP}$의 길이 변화가 대각선 $\overline{MN}$의 길이 변화에 영향을 준다는 것을 알려준다. 즉, 주어진 함수에서 x값은 y값에 영향을 준다. 이런 분석은 단계적으로 접근해야 할 필요가 있다.

점 P가 정육면체 $ABCD$-$A_1B_1C_1D_1$의 대각선 $\overline{BD_1}$ 위를 움직이는 과정에서 선분 $\overline{MN}$의 길이는 점점 길어진다. 최대로 길어진 후에 다시 줄어들기 시작한다. 이런 변화 과정을 대수적 관점에서 보면, 독립변수 x가 0에서 시작하여 점점 커지는 과정에서 함수 $y=f(x)$는 증가하다가 감소하는 변화 양상을 보인다.

4가지 선택지에서 A, C가 보여주는 변화 양상은 위에서 말한 성질에 부합하지 않는다. 그렇다면 B, C는 어떤가? 문제의 조건에 대해 함수 $y=f(x)$의 유형을 정함으로써 한 단계 더 나아간 분석을 해야 하는데 이 함수의 구체적인 식을 무조건 구할 수 있는 것은 아니다.

실제로, 기하관점에서 선분 $\overline{MN}$의 운동으로 생기는 궤도는 정육면체의 꼭짓점 B, D_1과 모서리 AA_1, CC_1의 중점을 지나는 마름모이다.

그림과 같이, 직각삼각형 $\triangle PNB$에서 $\frac{\overline{PN}}{\overline{PB}}=\tan\angle PBN$, $\angle PBN$은 정해진 각이므로 선분 $\overline{PN}$과 선분 $\overline{PB}$ 길이의 비는 정해진다. 그들 사이의 관계는 직선 성질 관계로 함수 $y=f(x)$의 그래프 유형은 분명히 직선형이다. 따라서 정답은 B이다.

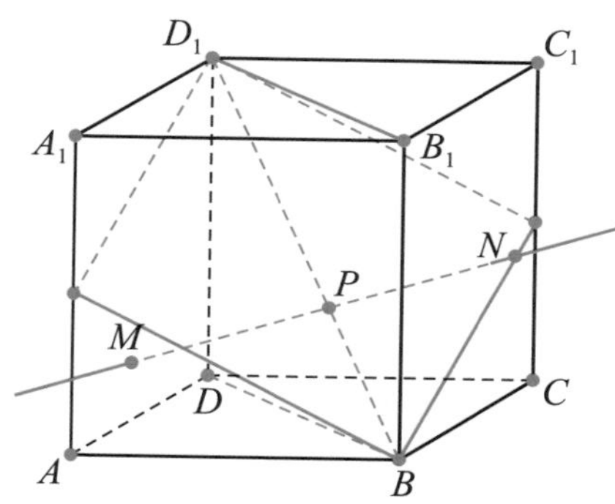

어떤 과일 나무의 이전 n년 동안의 총 생산량 S_n과 n 사이의 관계는 그림과 같다. 현재 기록으로 볼 때, 이전 m년의 연평균 생산량이 최고일 때, m의 값은 ________이다.

분석

위 문제는 실생활에 활용될 수 있는 문제이다. 문제를 읽은 후 바로 이 문제의 "이전 n년 동안의 총 생산량 S_n과 n 사이의 관계"를 수학에서 "수열의 앞 n항의 합 S_n과 n 사이의 관계"로 해석할 수 있다.

만약, 함수의 관점에서 수열 문제를 푼다면 이 문제는 "함수 $y=f(x)$와 x 사이의 관계"로 생각할 수 있다.

문제에서 제시하는 그래프는, 연결되어 있지는 않지만 바로 함수 그래프이다. 만약 함수의 측면으로 문제를 이해할 수 있다면 제시된 문제는 이해하기가 매우 쉽다. "이전 m년의 연평균 생산량이 최고"의 뜻을 직접적으로 해석하면 "$\frac{S_m}{m}$의 값이 최대"이다. 함수의 의미로 이해한다면 "$\frac{f(x)}{x}$의 값이 최대"이다. 이 표현의 기하적 의미는 그래프에서 점 $(x, f(x))$와 원점 $(0, 0)$

으로 정해지는 기울기가 최대이고 문제에서 구하고자 하는 것은 이때의 x값이라는 것이다.

문제를 충분히 이해했다면, 이제 직접 풀기만 하면 된다. 바로 $m=9$일 때, $\frac{S_m}{m}$의 값은 최대이다.

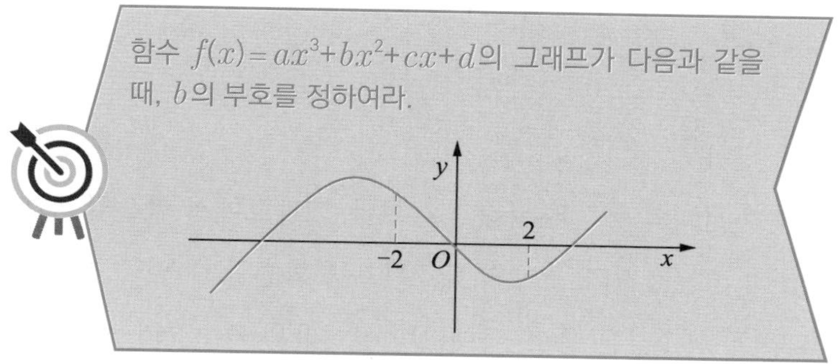

함수 $f(x)=ax^3+bx^2+cx+d$의 그래프가 다음과 같을 때, b의 부호를 정하여라.
y
2
−2
O
x

분석

이 문제에서 주어진 그래프는 삼차함수의 그래프이다. 그래프에서 정보를 얻어 b의 부호를 정할 수 있다.

그래프에서 $f(-2)>0$, $f(2)<0$, $f(0)=0$임을 이용하여 b의 부호를 정하고 싶겠지만 이것은 실제로 적합한 방법이 아니다. 사실, $f(-2)>0$, $f(2)<0$은 이 함수의 성질을 정하지 못한다. 우리는 그래프에서 함수의 전체적인 성질을 알아내야 한다.

함수의 단조성을 보자. 이 함수는 증가하다가 감소하고 다시 증가한다. 도함수 $f'(x)=3ax^2+2bx+c$의 그래프는 아래로 볼록하며 x축과 서로 다른 두 점에서 만나는 포물선이므로 $a>0$이다.

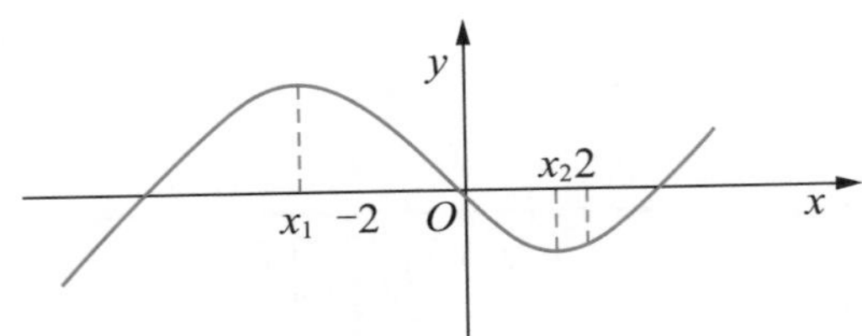

함수 $f(x)$의 극값과 극값점을 보자. 그래프에서 함수의 극대, 극소가 되는 x값과 -2, 2의 대소관계를 확인할 수 있다. 극댓값은 양수, 극솟값은 음수, 극댓값의 절댓값은 극솟값의 절댓값보다 크다는 것을 알 수 있다. 또한, $f'(x)=3ax^2+2bx+c$의 두 근은 서로 다른 부호를 가지는 값으로 음의 근의 절댓값이 더 크다. 이런 이유와 계수관계로 $-\frac{2b}{3a}<0$이다.

$a>0$이므로 $b>0$이다. 당연히 도함수 그래프를 통해 판단할 수 있다.

도함수의 두 근은 서로 다른 부호를 가지므로 음의 근의 절댓값이 크다. 그러므로 도함수 그래프(아래로 볼록인 포물선)의 대칭축은 $x=-\frac{b}{3a}$로 $-\frac{b}{3a}<0$이므로 y축의 왼쪽에 있다.

MATH TALK

위의 내용을 종합적으로 보자. 함수 그래프를 어떻게 관찰하면 좋을까? 가장 핵심은 함수식으로 그래프와 함수의 성질을 이해하는 것이다. 우선 함수의 대칭성처럼 전체적인 성질을 알아야 한다. 이런 성질은 함수 그래프로 충분히 판단할 수 있다.

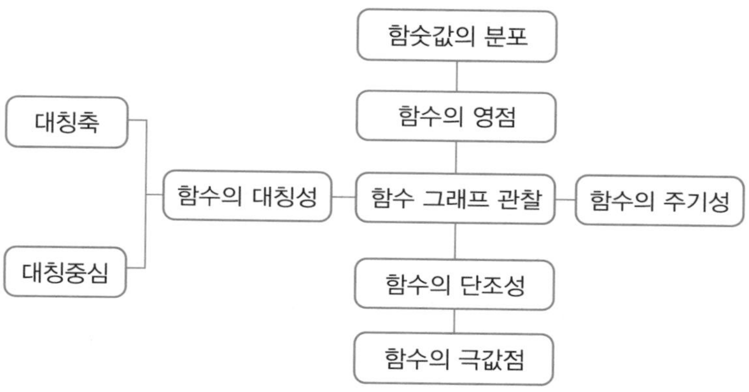

다음으로 함수의 단조성을 본다. 함수 그래프에서 이 성질은 직관적으로 보인다. 주기함수라면 이 함수의 주기를 얻을 수 있다.

함수의 그래프를 어떻게 그릴까?

함수 문제를 다룰 때, 우선 주어진 함수의 성질을 알아야 한다. 함수의 대칭성, 변화 상태, 단조성, 극값 등을 알아보아야 하고, 좀 더 복잡한 함수라면 도함수를 확인해 볼 필요가 있다.

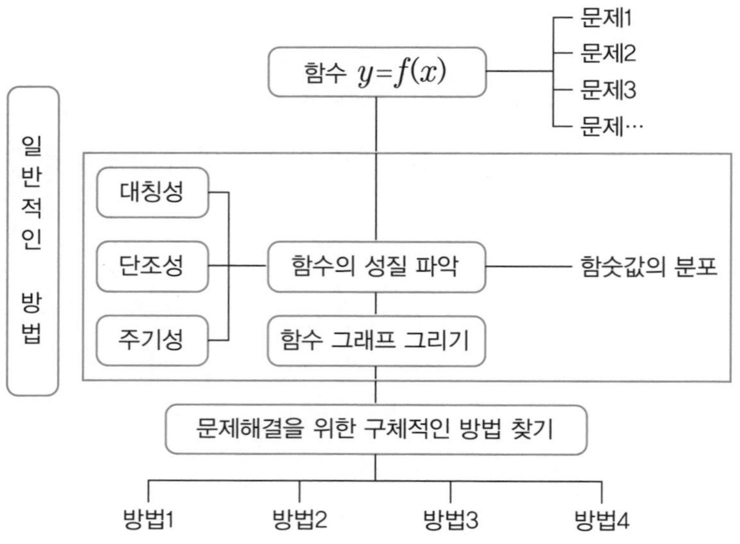

이 밖에도 사인 함수 또는 코사인 함수와 같은 경우에 단조성의 유무 등, 함수의 영점, x축과의 위치관계까지 고려하면 좌표평면에 그래프를 그릴 수 있다.

몇 가지 구체적인 예를 들어 함수의 성질을 이해해 보자. 성질을 이해하는 것에서 그치지 않고 나아가 그래프를 직접 그려보며 자신의 것으로 만들기 바란다.

함수 $y=\frac{x}{e^x}$의 성질을 알아보고 그래프로 나타내어라.

분석

이 함수는 대칭성을 가지고 있지 않다. 함수 $y=\frac{x}{e^x}$에서 알 수 있는 것은 함숫값의 부호는 함수 $y=x$의 부호로 결정된다. 함수 $y=\frac{x}{e^x}$의 영점 $x=0$에서 함숫값의 분포를 알 수 있다.

$x>0$일 때, $y>0$이고 x축 윗부분에 그래프가 나타난다.
$x=0$일 때, $y=0$이고 그래프는 원점을 지난다.
$x<0$일 때, $y<0$이고 x축 아랫부분에 그래프가 나타난다.

위의 사실로부터 함수 그래프는 제1사분면, 원점, 제3사분면을 지난다는 것을 알 수 있다.

함수의 변화 상태를 도함수의 부호로 확인할 수 있다.

도함수 $y'=\frac{e^x-xe^x}{e^{2x}}=\frac{e^x(1-x)}{e^{2x}}$ 이므로 도함수의 부호는 일차함수 $y=1-x$의 부호로 결정된다.

즉, $x<1$일 때, $y'>0$이고 $x>1$일 때, $y'<0$이다.

따라서 $y=f(x)$는 $(-\infty, 1)$에서 단조증가, $(1, +\infty)$에서 단조감소이다.

또한, $f(x)$의 최댓값 $=f(1)=\frac{1}{e}>0$이다.

위 함수성질에 의해 아래와 같이 그래프를 그릴 수 있다.

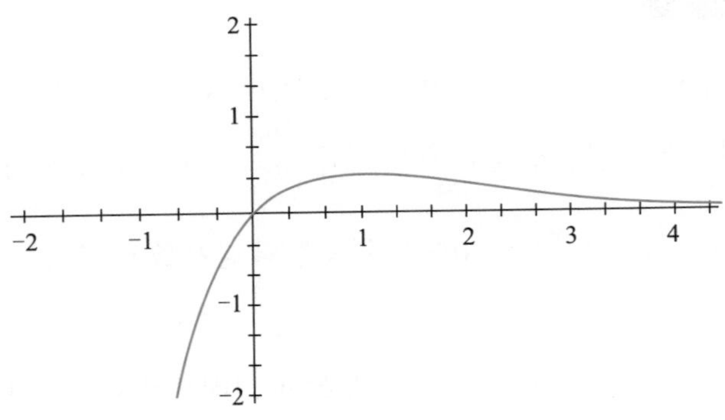

함수 $y=\frac{x}{e^x}$ 를 둘러싼 몇 가지 논의가 더 있다.

(1) 방정식 $x=me^x$의 근과 m의 관계는 어떠한가?

주어진 방정식을 변형하면 $m=\frac{x}{e^x}$ 로 나타낼 수 있다. 함수 $y=m$, $y=\frac{x}{e^x}$ 의 그래프의 교점의 수로 방정식의 근을 판단할 수 있다. 그래프에서 보는 것처럼,

$0<m<\frac{1}{e}$ 일 때, 방정식은 두 근을 가진다.
$m\leq 0$ 또는 $m=\frac{1}{e}$ 일 때, 방정식은 한 근을 가진다.
$m>\frac{1}{e}$ 일 때, 방정식은 실근을 가지지 않는다.

이 문제를 함수 $y=me^x-x$의 영점의 개수로 보면, 같은 방법으로 함수 $y=m$, $y=\frac{x}{e^x}$ 그래프의 교점 개수로 확인할 수 있다.

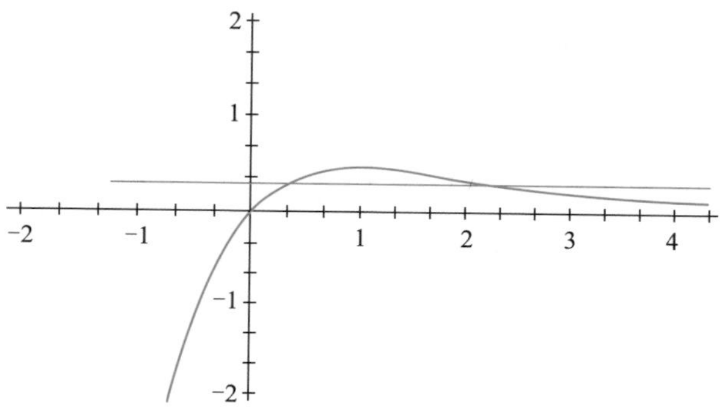

(2) 방정식 $\frac{x}{e^x}=x^2-2x+m$의 근의 개수를 묻는 문제를 생각해 보자. 이 문제는 방정식 $x=(x^2-2x+m)e^x$의 근의 개수 또

는 함수 $y=(x^2-2x+m)e^x-x$의 영점의 개수를 문제로 볼 수 있다.

$\frac{x}{e^x}=x^2-2x+m$은 함수 $y=\frac{x}{e^x}$와 함수 $y=x^2-2x+m$의 관계를 연구하는 것으로 볼 수 있다. 이 두 함수의 성질을 분석하기 위해서는 기하 특징으로 보이는 함수 그래프의 관계와 대수의 수량관계를 파악해야 한다.

이차함수 $y=x^2-2x+m$을 완전제곱식으로 표현하면 $y=(x-1)^2+m-1$이므로 $x=1$을 대칭축으로 하는 이차함수로, 아래로 볼록한 그래프로 나타난다. $y=(x-1)^2+m-1$의 대칭축은 함수 $y=\frac{x}{e^x}$의 극댓값을 지난다. 이것은 두 함수 관계가 그래프 위에 기하 특징으로 나타난다. 따라서 원래 방정식의 근을 구하는 문제는 두 함수의 교점의 개수를 묻는 문제로 바뀐다. 즉, 이차함수 $y=(x-1)^2+m-1$의 최솟값 $m-1$과 함수 $y=\frac{x}{e^x}$의 최댓값 $\frac{1}{e}$을 통해 두 함수 그래프의 교점의 수와 m의 관계를 알 수 있고 원래 방정식의 근의 수와 m의 관계를 알 수 있다.

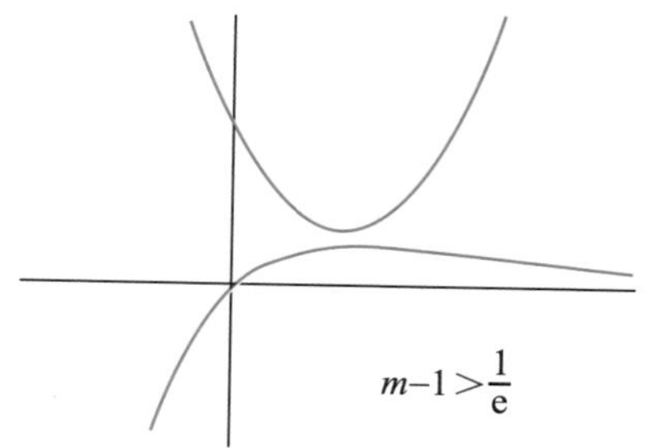

교점이 없다.

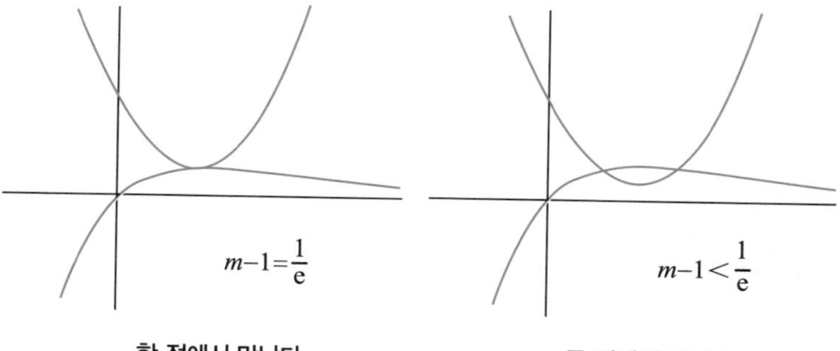

한 점에서 만난다. 두 점에서 만난다.

MATH TALK

(1), (2)의 문제는 본질적으로 같다. 방정식의 근의 개수 또는 함수의 영점의 개수를 묻는 문제를 $y=\frac{x}{e^x}$ 와 다른 함수의 관계 문제로 바꿔 본 것이다.

(3) 임의의 $t\in(0, 1)$에 대하여, $f(1-t)$, $f(1+t)$의 크기를 비

교하여 함수 $f(x)=\frac{x}{e^x}$의 성질을 알아보자.

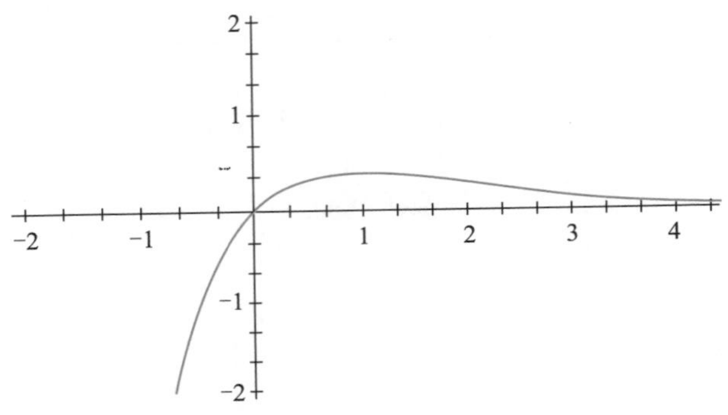

분석

함수 $f(x)=\frac{x}{e^x}$의 성질을 알아보려면 먼저 문제의 함의를 파악해야 한다. 두 함숫값이 대응하는 x값 $1-t$와 $1+t$의 중점은 1이다. $t\in(0, 1)$이므로 $1-t$가 대응하는 점은 좌표원점 (0, 0)과 (1, 0) 사이에 있고, $1+t$가 대응하는 점은 점 (1, 0)과 (2, 0) 사이에 있다.

1은 함수 $f(x)=\frac{x}{e^x}$의 극댓값점이다. $f(1-t)$, $f(1+t)$의 크기를 비교하기 위해 그 차이를 확인해야 한다. $f(1-t)-f(1+t)=\frac{(1-t)e^{1+t}-(1+t)e^{1-t}}{e^2}$, $e^2>0$이므로 분자의 부호만 결정하면 된다.

$h(t)=(1-t)e^{1+t}-(1+t)e^{1-t}$라고 하면, $t\in(0, 1)$일 때,

$h'(t)=t(e^{1-t}-e^{1+t})<0$이므로 $h(t)$는 단조감소이고

$h(t) < h(0)=0$이다.

그러므로, $f(1-t)-f(1+t)<0$ 이다. 즉, $f(1-t)<f(1+t)$ 이다.

이 결론으로 함수 $f(x)=\frac{x}{e^x}$의 성질을 이해할 수 있다. 이 성질을 이용하여 다음 문제를 풀 수 있는지 한번 보자.

(4) 함수 $f(x)=\frac{x}{e^x}$에 대하여, $f(x_1)=f(x_2)$ $(0<x_1<1<x_2)$이라면 x_1+x_2와 2의 크기를 비교하여라.

분석

$0<x_1<1$이므로 $2-x_1>1$이다. 위의 내용에 근거하면 $f(x_1)<f(2-x_1)$임을 알 수 있다. 또한, $f(x_1)=f(x_2)$이다. $f(x)$의 단조성을 분석하면 $x_2\in(1, +\infty)$, $2-x_1\in(1, +\infty)$이므로 $(1, +\infty)$는 함수 $f(x)$가 단조 감소하는 구간이다.

그러므로 $x_2>2-x_1$이고 즉 $x_2+x_1>2$임을 알 수 있다.

함수 $y=\frac{e^x}{x}$의 성질을 알아보고 그래프로 나타내어라.

분석

함수 $y=\frac{e^x}{x}$ 에서 $x \neq 0$이므로 그래프는 분리되고 대칭성이 없다.

$y=\frac{e^x}{x}$ 은 영점이 없지만 $x>0$일 때, $y>0$이므로 그래프는 x축 윗부분에 나타난다.

$x<0$일 때, $y<0$이므로 그래프는 x축 아랫부분에 나타난다. 함수 그래프는 제1사분면과 제3사분면에 분리되어 그려진다.

함수의 변화 상태는 도함수의 부호에 따라 결정된다.

$y'=\frac{e^x(x-1)}{x^2}$ 에서

$x \in (-\infty, 0)$ 또는 $x \in (0, 1)$일 때, $y'<0$이므로 $y=\frac{e^x}{x}$ 은 단조감소,

$x \in (1, +\infty)$일 때, $y'>0$이므로 $y=\frac{e^x}{x}$ 은 단조증가이다.

$x=1$은 함수 $y=\frac{e^x}{x}$ 의 극솟값점이고 극솟값은 e이다.

이를 그래프로 나타내면 다음과 같다.

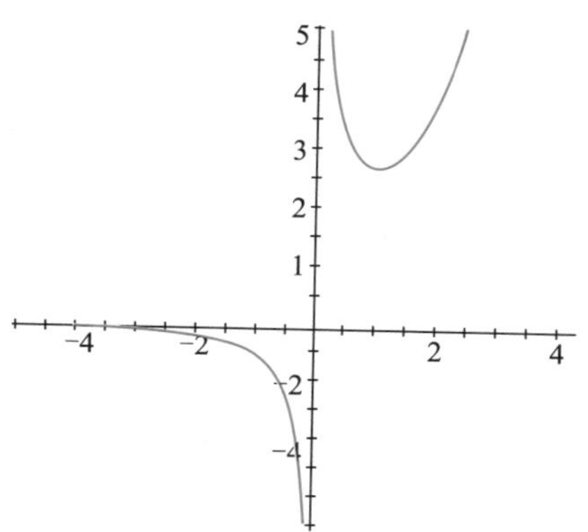

함수 $f(x)=e^x(2x-1)$의 성질을 알아보고 그래프로 나타내어라.

분석

$f(x)$의 정의역은 실수 R, 대칭성이 없다.

$f(x)=e^x(2x-1)=0$이므로 함수의 영점은 $x=\frac{1}{2}$이다.
함숫값의 부호는 $y=2x-1$의 부호로 결정된다.

$x<\frac{1}{2}$일 때, $f(x)<0$이므로 함수는 x축 아랫부분에 나타난다. $x>\frac{1}{2}$일 때, $f(x)>0$이므로 함수는 x축 윗부분에 나타난다.

도함수를 구하여 함수 $f(x)$의 변화 상태를 알아 보자.

$f'(x)=e^x(2x-1)$이고 도함수의 부호는 $g(x)=2x+1$의 부호에 따라 결정된다.

$x=-\dfrac{1}{2}$은 도함수의 영점이므로

$x<-\dfrac{1}{2}$일 때, $f'(x)<0$이므로 $f(x)$는 단조감소,

$x>-\dfrac{1}{2}$일 때, $f'(x)>0$이므로 $f(x)$는 단조증가이다.

따라서 $f(x)=e^x(2x-1)$의 그래프는 다음과 같다.

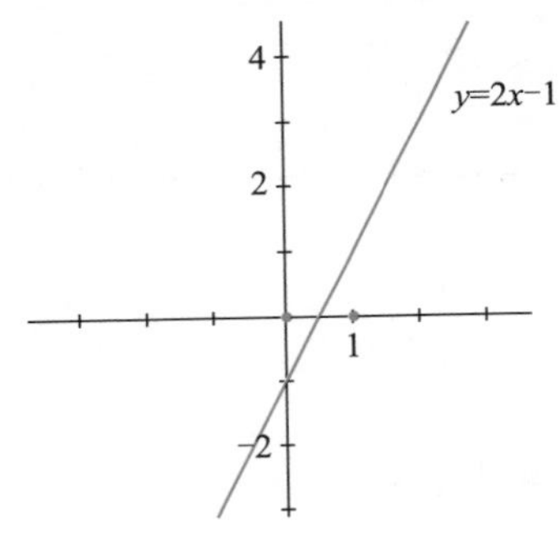

$f(x)$의 영점($x=\dfrac{1}{2}$)과 부호

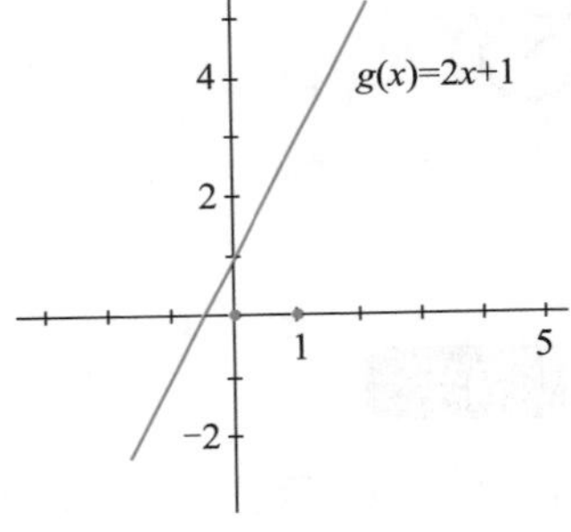

$f(x)$의 극값점($x=\dfrac{1}{2}$)과 부호

함수 $f(x)=\dfrac{2x-b}{(x-1)^2}$의 성질을 알아보고 그래프로 나타내어라.

분석

정의역 $(-\infty, 1)\cup(1, +\infty)$ 함수의 영점을 찾아 보자.

$f(x) = \dfrac{2x - b}{(x-1)^2} = 0$ 이므로 $x = \dfrac{b}{2}$ 이다.

함숫값의 부호는 $y=2x-b$의 부호와 같다.

$x \in (-\infty, \dfrac{b}{2})$일 때, $f(x) < 0$이므로 함수 그래프는 x의 아랫부분에 나타난다.

$x \in (\dfrac{b}{2}, +\infty)$일 때, $f(x) > 0$이므로 함수 그래프는 x의 윗부분에 나타난다.

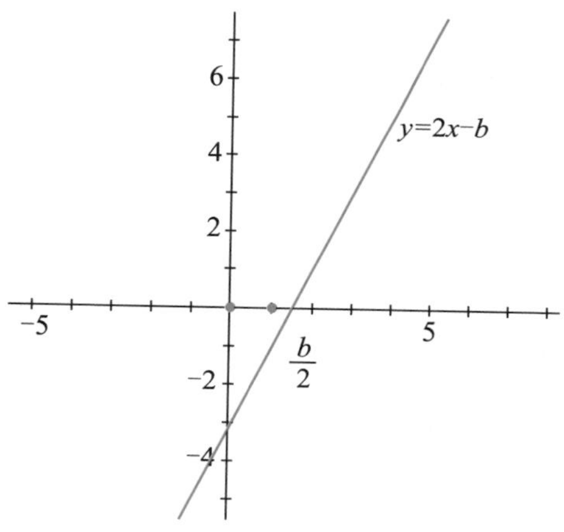

$f(x)$의 영점($x = \dfrac{b}{2}$)과 부호

함수의 단조성을 보자.

$$f'(x) = \frac{2(x-1)^2 - 2(x-1)(2x-b)}{(x-1)^4}$$

$$= \frac{2(x-1)(x-1-2x+b)}{(x-1)^4} = -\frac{2(x-1)(x+1-b)}{(x-1)^4}$$

도함수 $f'(x)$의 부호와 $g(x) = -(x-1)(x+1-b)$의 부호는 일치한다.

$x = b-1$일 때 극값을 가진다. 그러나 $x = 1$은 정의역에 포함되지 않으므로, 다음 세 가지 경우로 나누어 $g(x)$의 그래프를 그리고 $f(x)$의 단조성을 분석해 보자.

① $b-1>1$, ② $b-1<1$, ③ $b-1=1$

함수 $f(x)$의 영점 $x = \frac{b}{2}$, 1, $b-1$의 크기를 확인하고 함수 $f(x)$의 위치관계를 정하고 $f(x) = \frac{2x-b}{(x-1)^2}$ 의 그래프를 그려 보자.

① $b > 2$일 때, $g(x)$의 그래프는 다음과 같다.

$x \in (\infty,\ 1)$ 또는 $x \in (b-1,\ +\infty)$일 때, 도함수 $f'(x) < 0$이므로 $f(x)$는 단조감소이며, $x \in (1,\ b-1)$일 때, 도함수 $f'(x) > 0$이므로 $f(x)$는 단조증가이다.

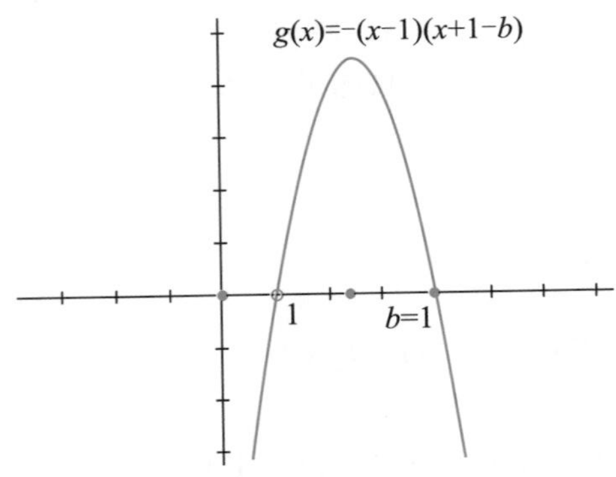

$b > 2$일 때, $f(x)$의 극값과 단조성

이때, 함수의 영점은 $\frac{b}{2}>1$이고

$\frac{b}{2}-(b-1)=\frac{2-b}{2}<0$이므로 $\frac{b}{2}<b-1$이다.

$$1 \qquad \frac{b}{2} \qquad b-1$$

문제 1

아래 그림과 같이, 함수 $f(x)$의 단조성과 함숫값의 분포를 나타내었을 때, 함수 $f(x)$의 그래프를 설명하여라.

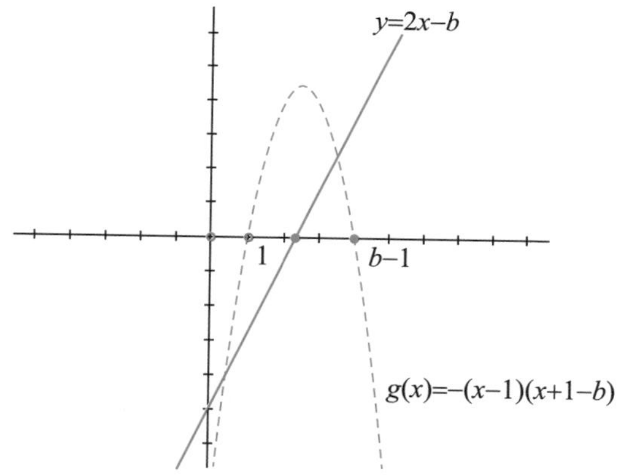

위 그래프를 연구한 후에, $b>2$일 때, 함수 $f(x)$의 그래프를 그리면 다음과 같다.

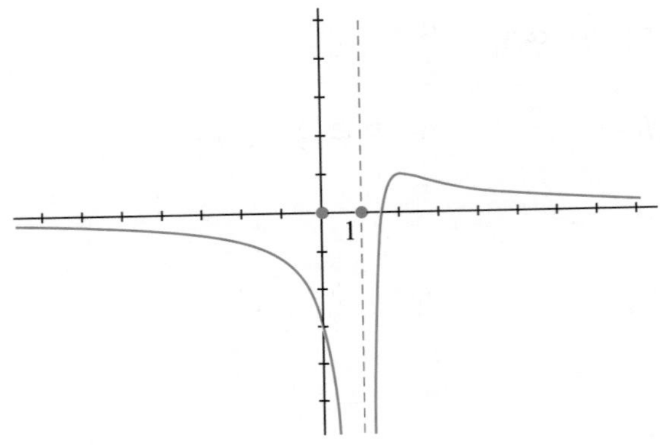

② $b < 2$일 때, $g(x)$의 그래프는 다음과 같다.

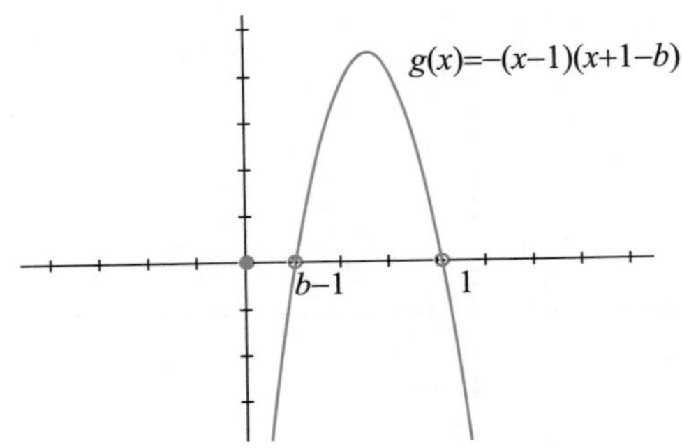

$b < 2$일 때, $f(x)$의 극값과 단조성

$x \in (-\infty, b-1)$ 또는 $x \in (1, +\infty)$일 때, 도함수 $f'(x) < 0$이므로, $f(x)$는 단조감소,

$x \in (b-1, 1)$일 때, $f'(x) > 0$이므로, $f(x)$는 단조증가이다.

이때, 함수의 영점은 $\frac{b}{2} < 1$이고

$\frac{b}{2} - (b-1) = \frac{2-b}{2} > 0$이므로 $\frac{b}{2} > b-1$이다.

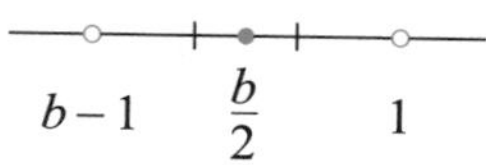

문제 2

아래 그림과 같이, 함수 $f(x)$의 단조성과 함숫값의 분포를 나타내었을 때, 함수 $f(x)$의 그래프를 설명하여라.

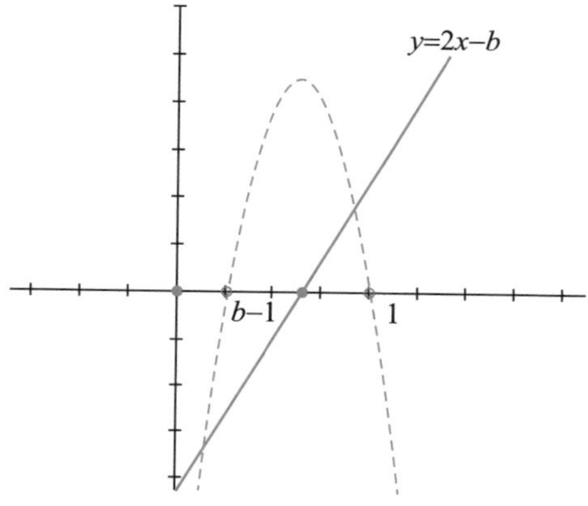

위 그래프를 연구한 후에, $b < 2$일 때, 함수 $f(x)$의 그래프를 그리면 다음과 같다.

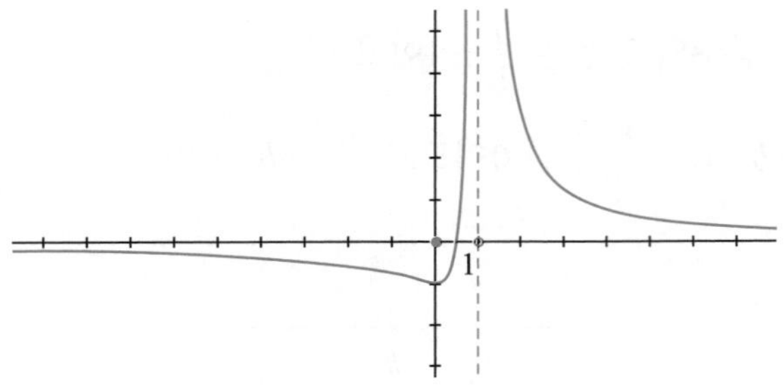

③ $b=2$일 때, $g(x)$의 그래프는 다음과 같다.

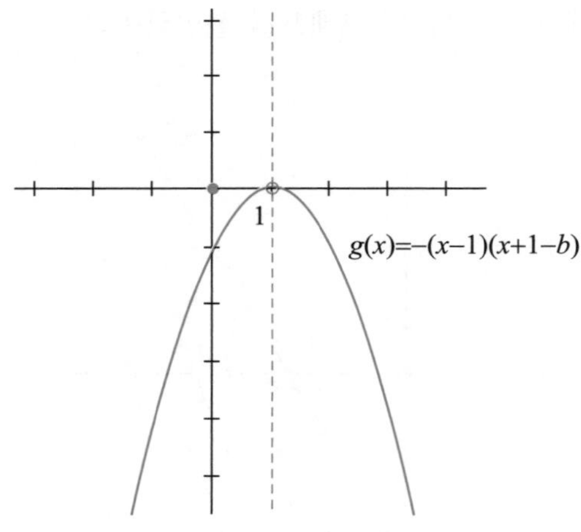

$b=2$일 때, $f(x)$의 극값과 단조성

$x \in (-\infty, 1)$ 또는 $x \in (1, +\infty)$일 때,

도함수 $f'(x) < 0$이므로, $f(x)$는 단조감소함수이다.

이때, $\frac{b}{2}=1$이고 함수의 영점은 존재하지 않는다. 또한, $\frac{b}{2}-(b-1)=\frac{2-b}{2}=0$이므로 $\frac{b}{2}=b-1=1$이다.

문제 3

아래 그림과 같이, 함수 $f(x)$의 단조성과 함숫값의 분포를 나타내었을 때, 함수 $f(x)$의 그래프를 설명하여라.

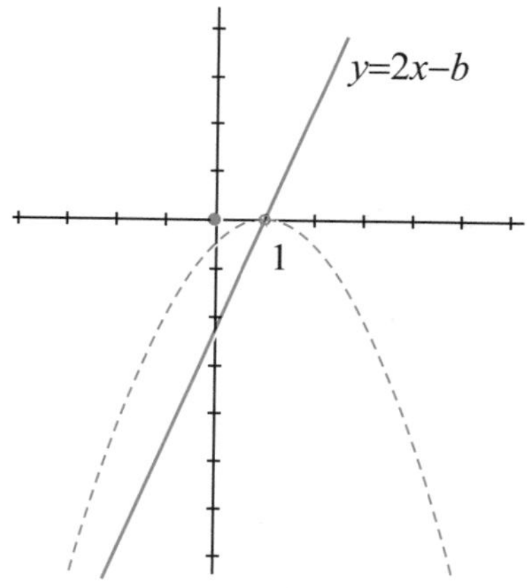

위 그래프를 연구한 후에, $b=2$일 때, 함수 $f(x)$의 그래프를 그리면 다음과 같다.

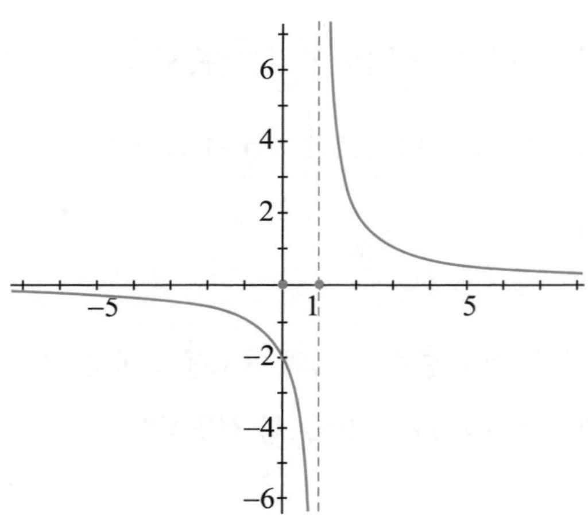
6
4
2
−2
−4
−6
−5
1
5

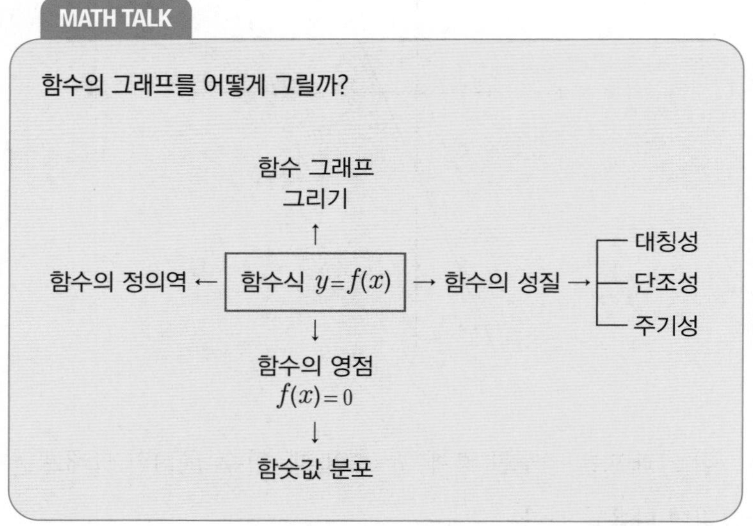
MATH TALK
함수의 그래프를 어떻게 그릴까?
함수 그래프
그리기
함수의 정의역
함수식 $y=f(x)$
함수의 성질
대칭성
단조성
주기성
함수의 영점
$f(x)=0$
함숫값 분포

대상의 본질 :

너는 누구냐?

수학 문제를 풀기 위해서는 연구대상을 이해하고 분석해야 한다. 예를 들어, 함수 문제에서는 어떤 대수성질이 있는지가 선행되어야 한다. 만약 평면기하에서 타원에 관한 문제라면 타원이 가지는 기하성질을 알아야 한다. 만약 두 개 혹은 그 이상의 성질을 알게 된다면 두 함수 사이의 관계, 두 기하대상 간의 위치관계 등을 고민해야 한다. 그런데 성질과 관계에 앞서 더 중요한 것이 있다. 그것은 바로 대상이 무엇인지 제대로 아는 것이다.

곡선 $\frac{x^2}{4}-\frac{y^2}{a}=1\ (a\neq 0)$을 어떻게 이해할까?

분석

주어진 곡선은 쌍곡선으로, 초점은 x축 위에 있다고 말하는 학생이 많을 것이다. 깊이 생각을 하지 않는 이러한 판단이 수학적 사고 활동을 방해한다. 곡선 방정식의 외형만 보고 판단하면 이렇게 오류를 범하기 쉽다.

우리는 미지수 a에 대한 분석을 먼저 해야 한다. a는 0이 아닌 임의의 실수로 항상 양수인 것은 아니다. 당연히 $a>0$일 때 $\frac{x^2}{4}-\frac{y^2}{a}=1$은 초점이 x축 위에 있는 쌍곡선이다.

그렇다면 $a<0$일 때는 어떨까? '타원'이라고 자신 있게 말하기는 힘들 것이다. 왜 그럴까?

$a=-4$일 때, $\frac{x^2}{4}-\frac{y^2}{a}=1$은 (0, 0)을 중심으로 하는, 반지름이 2인 원이다.

$a<0$이고 $a\neq-4$일 때, $\frac{x^2}{4}-\frac{y^2}{a}=1$은 타원을 나타낸다.

직선 $y=kx+1$과 타원 $\frac{x^2}{5}+\frac{y^2}{m}=1$은 항상 공통점을 가진다. m값의 범위를 구하여라.

분석

이 문제에는 두 개의 연구대상이 있다.

하나는 직선 $y=kx+1$로, 이 직선은 한 개의 직선을 나타내는 것이 아니라 무수히 많은 직선을 의미한다. 즉, 움직이고 있는 직선으로 미지수 k값에 따라 결정된다. 또한, $x=0$일 때 $y=1$이다. 이 대수 특징이 포함하는 기하 함의는 이 직선이 항상 (0, 1)을 지난다는 것을 알려준다.

또 다른 대상은 타원 $\frac{x^2}{5}+\frac{y^2}{m}=1$이다. 여기서 미지수 m이 취하는 범위는 어떻게 될까?

방정식 $\frac{x^2}{5}+\frac{y^2}{m}=1$이 대응하는 곡선의 유형은 명백하므로 $m>0$일 때 타원이라는 보장이 없다. $m\neq 5$라는 조건이 더 필요하다.

직선 $y=kx+1$과 타원 $\frac{x^2}{5}+\frac{y^2}{m}=1$은 항상 공통점을 가지므로 점 (0, 1)은 타원 $\frac{x^2}{5}+\frac{y^2}{m}=1$의 위 또는 내부에 있고 이는 $\frac{0}{5}+\frac{1}{m}<1$로 표현할 수 있다.

결론적으로, $m>0$, $m\neq 5$이므로 범위는 $m\in(1, 5)\cup(5, +\infty)$이다.

원 $C:(x-m)^2+(y-2m)^2=4$를 어떻게 이해할까?

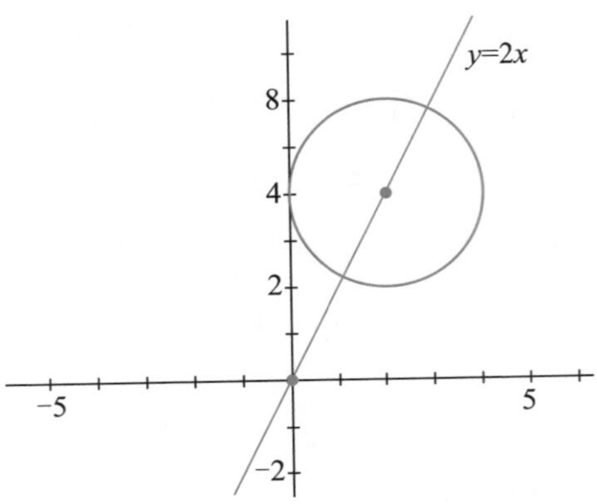

분석

이 방정식을 볼 때 대수적 관점에서 보려고 하지, 기하적인 결론을 내리지는 않는다. 실제로도, 미지수 m의 값이 정해지지 않았으므로 이 원의 중심 $(m, 2m)$도 고정된 값이 아니다. 그러므로 정해진 원이 아니며 위치는 원의 중심이 변함에 따라 함께 변하며 원의 크기는 일정하다. 원의 중심에 대해서도 한 걸음 더 나아가 생각해 보자. y좌표는 x좌표의 2배로 $y=2x$를 만족한다. 기하관점에서 보면 원의 중심은 $y=2x$ 위를 움직인다.

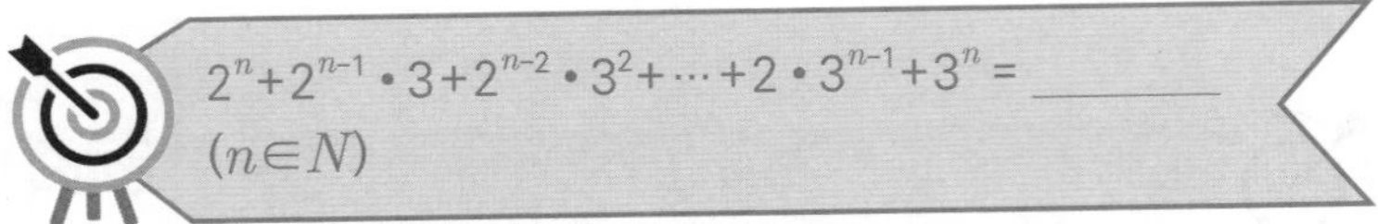

이 문제를 봤을 때 어떤 생각이 떠올랐는가?

학생 A : 2^n을 끄집어내고, 합을 구한다.

학생 B : 이항정리를 이용한다.

이렇게 문제를 이해하는 것은 실제로는 이해라고 보긴 어렵다. 보자마자 계산을 해서 수열의 합을 구하고 싶겠지만, 섣불리 그랬다가는 결론에 도달하지 못하고 제대로 시작도 못하거나 계산이 길어져 길을 잃고 만다.

그렇다면, 우리는 이런 문제를 어떻게 봐야 할까?

함수 $y=ax^2+2x-1$을 접했을 때, 이 함수는 쉽게 오류를 범할 수 있다는 생각이 들었다면 왜 그럴까? 실제로 $a=0$일 때, 이 함수는 $y=2x-1$로 이차 함수가 아니다. 문제를 풀 때, 연구 대상이 모두 명확하지 않다면 문제를 푸는 좋은 방법은 무엇일까?

이 문제에서 $2^n+2^{n-1}\cdot 3+2^{n-2}\cdot 3^2+\cdots+2\cdot 3^{n-1}+3^n$의 합을 어떻게 구하느냐를 생각하기 전에 문제의 대상이 무엇인지가 선행되어야 한다.

우선 수열은 2^n, $2^{n-1}\cdot 3$, $2^{n-2}\cdot 3^2$, $\cdots$, $2\cdot 3^{n-1}$, 3^n이다.

제2항부터 뒤의 항과 바로 앞의 항의 비가 일정한 값임을 확

인할 수 있고, 첫째항 2^n, 공비가 $\frac{3}{2}$, 항의 수가 $n+1$인 등비수열임을 알 수 있다. 이제 연구대상의 성질을 알게 되었다면 바로 풀이방법과 연구대상과 상관되는 방법을 찾을 수 있다.

$f(n)=2+2^4+2^7+2^{10}+\cdots+2^{3n+10}(n\in N)$을 어떻게 이해할까?

분석

초항이 2, 공비가 8인 등비수열의 합을 구하는 문제로 항의 수는 몇 개일까?

귀납적으로 생각해 보자.

$f(1)=2+2^4+2^7+2^{10}+2^{13}$은 모두 5개의 항이 있다.

$f(2)=2+2^4+2^7+2^{10}+2^{13}+2^{16}$은 모두 6개의 항이 있다.

$f(3)=2+2^4+2^7+2^{10}+2^{13}+2^{16}+2^{19}$은 모두 7개의 항이 있다.

이런 식으로 유추해 보면 $f(n)=2+2^4+2^7+2^{10}+\cdots+2^{3n+10}$은 모두 $n+4$개의 항이 있다.

또한, 밑이 2인 지수로부터 등차수열을 이용하여 같은 방법으로 $f(n)$의 항의 개수가 $n+4$임을 알 수 있다.

우리는 연구대상 $f(n)=2+2^4+2^7+2^{10}+\cdots+2^{3n+10}(n\in N)$을

이해해 보았다.

이제 $f(n)$의 값은 조건이 완성되면 자연스럽게 구할 수 있다.

수열 $\{a_n\}$에서 $a_1=-2$, $a_{n+1}=S_n$일 때, 일반항 a_n을 구하여라.

분석

수열 $\{a_n\}$은 어떤 수열일까?

귀납적으로 생각해 보자.

$a_1=-2$, $a_2=-2$, $a_3=-4$, $a_4=-8$, $\cdots$

따라서 수열 $\{a_n\}$이 제2항부터 공비가 2인 등비수열을 이루므로

$$a_n=\begin{cases}-2 & (n=1)\\ -2\cdot 2^{n-2}=-2^{n-1} & (n\geq 2)\end{cases}$$ 을 얻는다.

만약 관점을 바꿔서 생각한다면, $a_{n+1}=S_n$으로

$S_1=-2$, $S_2=-4$, $S_3=-8$, $\cdots$ 임을 알 수 있다.

위의 내용으로 $\{S_n\}$은 등비수열이고, $a_{n+1}=S_n$을 변형하면

$S_{n+1}-S_n=S_n$즉, $S_{n+1}=2S_n$이라는 것을 알 수 있다.

$\frac{S_n+1}{S_n}=2$이므로 수열 $\{S_n\}$의 초항은 -2, 공비는 2인 등비수열이다.

따라서 $S_n=-2\cdot 2^{n-1}=-2^n$이다.

a_n과 S_n의 관계를 이용하여

$$a_n=\begin{cases}-2 & (n=1)\\ S_n-S_{n-1}=-2^{n-1} & (n\geq 2)\end{cases}$$ 을 얻는다.

수열 $\{a_n\}$이 $a_1+3a_2+3^2a_3+\cdots+3^{n-1}a_n=\frac{n}{3}\ (n\in N)$을 만족할 때, a_n을 구하여라.

분석

주어진 조건 $a_1+3a_2+3^2a_3+\cdots+3^{n-1}a_n=\frac{n}{3}\ (n\in N)$을 어떻게 이해할까?

주된 내용은 '등식의 좌변식을 어떻게 이해하는가'이다.

등식의 우변은 어떤 수열에서 앞 n개 항의 합이다. 수열 $\{a_n\}$이 아니라, 수열 $\{3^{n-1}a_n\}$의 앞 n개 항의 합이다.

따라서 여러분은 $a_n=S_n-S_{n-1}\ (n\geq 2)$의 관계를 이용하여 문제를 풀 수 있다.

$a_1+3a_2+3^2a_3+\cdots+3^{n-1}a_n=\frac{n}{3}$ 이므로 … ①

$n\geq 2$일 때, $a_1+3a_2+3^2a_3+\cdots+3^{n-2}a_n=\frac{n-1}{3}$이다. … ②

① - ②에서 $3^{n-1}a_n=\frac{1}{3}$이므로 $a_n=\frac{1}{3^n}$을 얻는다.

①에서 $n=1$일 때, $a_1=\frac{1}{3}$이다.

따라서 $a_n=\frac{1}{3^n}(n\in N)$이다.

이 문제는 $a_1+3a_2+3^2a_3+\cdots+3^{n-1}a_n=\frac{n}{3}(n\in N)$을 어떻게 이해하느냐에 중점을 두어야 한다.

등비수열 $\{a_n\}$이 $a_1=\frac{1}{2}$, $a_4=-4$를 만족할 때, $|a_1|+|a_2|+\cdots+|a_n|$의 값을 구하여라.

분석

$a_1=\frac{1}{2}$, $a_4=-4$이므로 등비수열 $\{a_n\}$에서 공비 $q=-2$를 얻는다.

이것은 부호가 서로 번갈아 나오는 등비수열로 $\frac{1}{2}$, -1, 2, -4, 8, …임을 알 수 있다.

$|a_1|+|a_2|+\cdots+|a_n|$을 구할 때, 절댓값 기호를 없애야 할까?

만약 항의 수 n의 값이 짝수인지 또는 홀수인지에 따라 경우를 나누어 생각한다면 절댓값 부호를 없앨 수 있다. 하지만 없애는 것도 복잡하다. 실제로 $|a_1|$, $|a_2|$, …, $|a_n|$은 수열로, 등비수열 $\{a_n\}$의 각 항에 절댓값 기호를 씌운 후 새롭게 만들어진 수열이다. 이 수열은 어떤 수열로 이해할 수 있을까?

등비수열 $\{a_n\}$: $\frac{1}{2}$, -1, 2, -4, 8, ⋯

수열 $\{|a_n|\}$: $\frac{1}{2}$, 1, 2, 4, 8, ⋯로 등비수열이며 공비는 2이다.

따라서 $|a_1|+|a_2|+\cdots+|a_n|=\frac{\frac{1}{2}(1-2^n)}{1-2}=2^{n-1}-\frac{1}{2}$이다.

MATH TALK

어떤 문제든 해당 문제에서 풀어야 하는 핵심을 아는 것이 첫 번째이다. 그것이 무엇인지를 알기만 하면 주어진 대상의 성질을 이해할 수 있다.

대수적 방법으로 기하 문제를 풀어라

평면해석기하의 핵심은 대수방법을 이용하여 기하 문제를 푸는 것이다. 이 말을 어떻게 이해할 수 있을까? 다음과 같은 문제를 통해 함께 생각해 보자.

포물선 $y^2=2px$ 위의 두 점 A, B에 대하여 $\overline{OA}\perp\overline{OB}$이고 점 A, B를 이은 $\overline{AB}$를 포물선 $y^2=2px$의 직각현이라고 하자. 이때, 직각현 $\overline{AB}$는 어떤 기하성질이 있을까?

분석

이 문제의 핵심은 포물선 $y^2=2px$와 직각현 $\overline{AB}$이다. 이것의 기하성질은 무엇일까?

컴퓨터 프로그램을 이용하면 직각현 $\overline{AB}$를 움직일 때 변하지 않는 기하성질이 무엇인지 발견할 수 있다. 이것은 대수방법을 이용하여 기하 문제를 푸는 것이 아니라, 기하대상의 변화 관찰을 통해 기하성질을 발견한 후 대수방법을 이용하여 검증해야 한다.

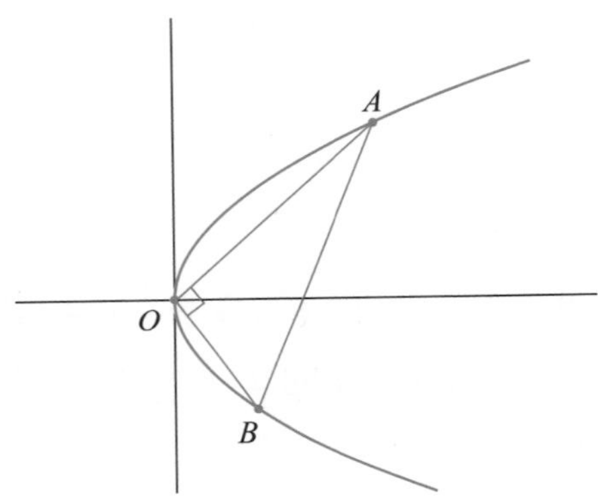

점 $A(x_1, y_1)$, $B(x_2, y_2)$라고 하자.

① $\overline{OA} \perp \overline{OB}$(기하성질) $\Leftrightarrow x_1x_2+y_1y_2=0$(대수화)

② 점 $A(x_1, y_1)$, $B(x_2, y_2)$는 포물선 $y^2=2px$ 위에 있다.

(기하성질)

$\Leftrightarrow y_1^2=2px_1,\ y_2^2=2px_2$ (대수화)

①, ②로부터 대수결론 $y_1y_2=-4p^2$을 얻는다. 또 어떤 기하 특징이 있을까?

직선 $\overleftrightarrow{AB}$의 방정식을 구하여 직각현 $\overline{AB}$의 성질을 알아보자.

$y-y_1=\dfrac{y_1-y_2}{x_1-x_2}(x-x_1)$이고 $x_1=\dfrac{y_1^2}{2p}$, $x_2=\dfrac{y_2^2}{2p}$이므로

$$y-y_1=\frac{y_1-y_2}{\frac{y_1^2}{2p}-\frac{y_2^2}{2p}}(x-x_1)\Leftrightarrow y=\frac{y_1-y_2}{\frac{y_1^2}{2p}-\frac{y_2^2}{2p}}(x-x_1)+y_1$$

$$\Leftrightarrow y=\frac{2p}{y_1+y_2}x+\frac{y_1y_2}{y_1+y_2}$$ 이다.

$y_1y_2=-4p^2$이므로 간단히 하면 $y=\dfrac{2p}{y_1+y_2}(x-2p)$이다.

직선 $\overleftrightarrow{AB}$의 방정식에서 직각현 $\overline{AB}$는 점 $(2p, 0)$을 지난다는 것을 알 수 있다.

MATH TALK

위에서 정점을 지나는 포물선의 직각현은 대수방법으로 기하문제를 푸는 일반적인 방법이다. 직각현을 포함하는 직선이 정점을 지나거나, 다른 어떤 기하성질을 가지느냐 하는 문제는 도형을 관찰하는 것으로는 알기 어렵다. 컴퓨터에 표시되지 않는 것으로, 직선의 방정식의 분석으로 얻을 수 있다.

1. 기하대상을 알고 대수화 방법 찾기

기하문제에서 만약 연구대상이 하나의 직선 또는 원, 타원, 쌍곡선 또는 포물선 등이라면, 이 대상을 나타내는 방정식을 통해 기하도형을 이끌어낼 수 있고 기하성질도 연구할 수 있으므로

가장 적합한 대수방법을 찾는 것이 곧 문제를 푸는 가장 빠른 길이다.

점 $A(-3, 0)$를 지나는 움직이는 원 P가
원 $B:(x-3)^2+y^2=64$에 내접할 때, 원의 중심 P의
자취의 방정식을 구하여라.

분석

우선 문제의 핵심은 움직이는 원 P와 고정된 원 B이며, 이 둘은 서로 내접한다.

(1) 기하성질 알기

기하 관점에서 움직이는 원의 중심 P와
고정된 원 $B:(x-3)^2+y^2=64$의 중심 $B(3, 0)$, 그리고 접점은 한 직선 위에 있다.

이 성질을 수식으로 표현하면 $\overline{PB}=\overline{MB}-\overline{MP}=8-\overline{MP}$이다. 움직이는 원 P는 점 $A(-3, 0)$를 지나므로 $\overline{MP}=\overline{AP}$이다. 따라서 $\overline{PB}=8-\overline{AP}$이므로 $\overline{PA}+\overline{PB}=8$이다.

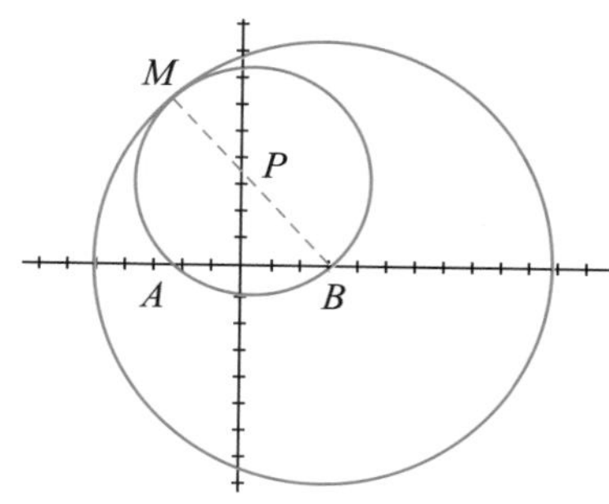

(2) 대수화 방법 찾기

위에서 연구한 기하성질에 근거하면 움직이는 원의 중심 P의 자취 방정식을 구할 수 있다. 원의 중심을 $P(x, y)$라고 하자. $\overline{PA}+\overline{PB}=8$이므로 타원의 정의에 의해 점 P의 자취는 점 A, B를 초점으로 하고 장축의 길이가 8인 타원이다.

그러므로, 점 P의 자취 방정식은 $\dfrac{x^2}{16}+\dfrac{y^2}{7}=1$이다.

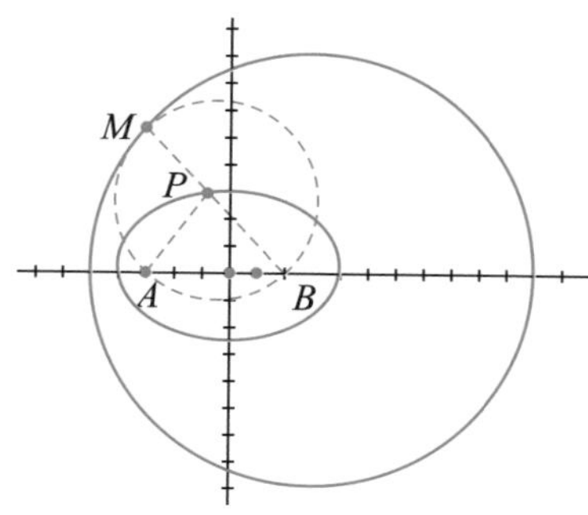

MATH TALK

이 문제를 풀면서 평면해석기하에서 '움직인다'와 '움직이지 않는다'의 의미를 확실히 알게 되었는가? 이 문제에서 점 P는 움직이는 점으로, 자취는 점 A, B를 초점으로 하고 장축의 길이가 8인 타원으로 자취방정식을 얻을 수 있었다.

점 P는 포물선 $y^2=x$ 위의 점이고 점 Q는 원 $(x-3)^2+y^2=1$ 위의 점일 때, $\overline{PQ}$ 의 최솟값을 구하여라.

분석

만약 점 P와 점 Q의 기하성질을 분석하지 않고 대수화한다면 어떻게 될까?

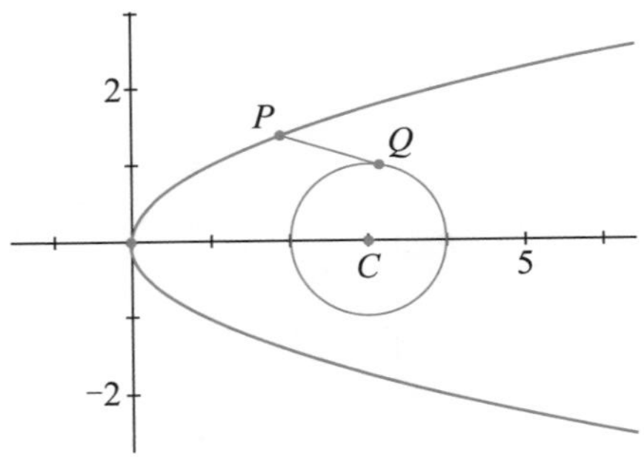

점 $P(x_1,\ y_1)$, $Q(x_2,\ y_2)$에서 $\overline{PQ}=\sqrt{(x_1-y_1)^2+(x_2-y_2)^2}$ 와 같이 나타낼 수 있지만 더 이상의 계산은 진행하기 힘들다.

그러므로 점 P와 점 Q의 기하성질은 주어진 도형을 통해 알아내야 한다. 점 P는 포물선 $y^2=x$ 위의 점이지만 이 문제에서 포물선과 관련되는 성질은 찾아볼 수 없다. 원 $(x-3)^2+y^2=1$ 위의 점 Q를 생각해 보자. 원에서 가장 중요한 성질은 바로 원의 중심 (3, 0)에서 원 위의 점에 이르는 거리가 모두 같다는 것으로, $\overline{PQ}$의 최솟값을 $\overline{PQ}$에 원의 반지름을 더한 값의 최솟값으로 바꿔서 생각할 수 있다.

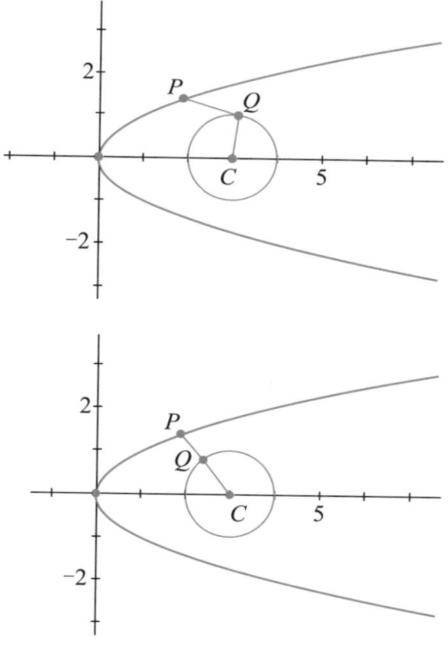

기하도형에서 이것을 보면 꺾인 선으로 보이는데, $\overline{PQ}$의 최솟값은 $\overline{PQ}+\overline{QC}$의 최솟값이 된다. 점 P, Q, C 세 점을 동

시에 지날 때, $\overline{PC}$는 $\overline{PQ}+\overline{QC}$보다 작다는 것이 명백하다. $\overline{PQ}$의 최솟값 문제를 $\overline{PC}$의 최솟값으로 보면 마지막 계산에서 1을 빼기만 하면 된다.

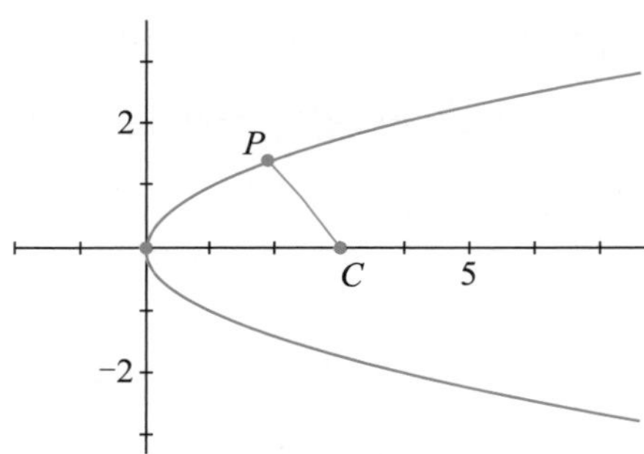

이와 같이 생각해 보면, 원 $(x-3)^2+y^2=1$ 위의 점 Q는 사용하지 않는 게 맞을까? 포물선 $y^2=x$ 위의 점 $P(x, y)$에서 점 $C(3, 0)$의 거리의 최솟값에서 1을 빼기만 하면 된다.

$\overline{PC}=\sqrt{(x-3)^2+y^2}$ 에서 점 P는 포물선 $y^2=x$ 위의 점이므로

$\overline{PC}=\sqrt{(x-3)^2+y^2}=\sqrt{(x-3)^2+x}=\sqrt{x^2-5x+9}=\sqrt{\left(x-\frac{5}{2}\right)^2+\frac{11}{4}}$ 이고

$x\in(0, +\infty)$이므로, $x=\frac{5}{2}$일 때, $\overline{PC}$의 최솟값 $=\frac{\sqrt{11}}{2}$이다.

따라서 $\overline{PQ}$의 최솟값 $=\frac{\sqrt{11}}{2}-1$이다.

2. 기하대상의 위치를 알아내어 대수화 방법 찾기

기하 문제를 풀 때, 두 개 혹은 그 이상의 기하대상이 나타난다면 대수방법을 어떻게 활용할 수 있을까?

앞에서 다루었던 문제를 다시 생각해 보자.

> 직선 $y=kx+1$과 원 $x^2+y^2+kx+my-4=0$의 교점이 M, N일 때, M, N은 직선 $x+y=0$에 대칭이다. $m+k$의 값을 구하여라.

위 문제를 대수연산으로 풀어보려 했을 때 답을 구하지 못했다면, 그 이유는 무엇일까?

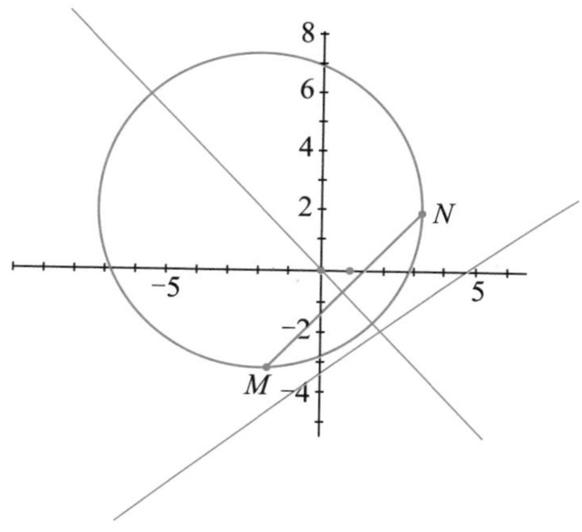

이 문제의 핵심은 3가지로 나타난다. 방정식 $y=kx+1$이 대응하는 하나의 움직이는 직선, 정해지지 않은 원, 정해진 직선 $x+y=0$이다. 이 3개 대상의 각 성질을 아는 것 외에 더 중요한 것은 그들 간의 위치관계를 이해하는 것이다.

문제에서의 조건 중 이미 2가지 위치관계는 다음과 같이 우리가 알고 있다.

① 직선 $y=kx+1$과 원 $x^2+y^2+kx+my-4=0$의 위치관계

② 직선 $y=kx+1$과 직선 $x+y=0$의 위치관계

직선 $x+y=0$과 원 $x^2+y^2+kx+my-4=0$의 위치관계만 파악하면 문제는 바로 풀 수 있다.

직선 $x+y=0$은 원 $x^2+y^2+kx+my-4=0$의 대칭축임을 쉽게 알 수 있다. 원의 중심 $\left(-\frac{k}{2},-\frac{m}{2}\right)$은 직선 $x+y=0$ 위에 있는 점으로 $\left(-\frac{k}{2}\right)+\left(-\frac{m}{2}\right)=0$이므로 $k+m=0$이다.

> 포물선 $y^2=2px$ $(p>0)$ 위에 직선 $l:y=-x+1$에 대칭인 두 점 A, B가 있을 때, p값의 범위를 구하여라.

분석 1

점 M은 $\overline{AB}$의 중점이고 $y^2=2px$는 정해지지 않았다. 그러나

점 M과 $y^2=2px$의 위치관계는 정해졌다. 즉, 점 M은 $y^2=2px$ 내부에 있다. (위치관계)

$M(x_0, y_0)$이라고 하면 $y_0^2 < 2px_0$이다. (대수화)

$A(x_1, y_1)$, $B(x_2, y_2)$라고 하면, $y_1^2=2px_1$, $y_2^2=2px_2$이다.

따라서 $y_1^2-y_2^2=2p(x_1-x_2)$, $\dfrac{y_1-y_2}{x_1-x_2}=\dfrac{2p}{y_1+y_2}=1$이다.

그러므로 $y_0=\dfrac{y_1+y_2}{2}=p$이다.

또한, 직선 $l: y=-x+1$ 위에 점 $M(x_0, y_0)$이 있으므로 $x_0=1-y_0=1-p$이다.

즉, $M(1-p, p)$은 $y^2=2px$의 내부에 있으므로, $p^2<2p(1-p)$이고 $0<p<\dfrac{2}{3}$를 얻는다.

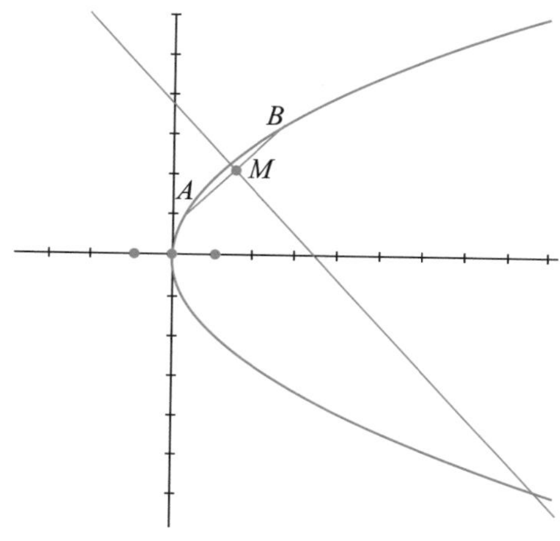

분석 2

직선 $\overleftrightarrow{AB}$와 $y^2=2px$의 위치관계는 정해지는 것으로 반드시 서로 다른 두 교점에서 만난다. (위치관계)

직선 $\overleftrightarrow{AB}$: $y=x+m$과 $y^2=2px$를 연립하면, (대수화)

$x^2+2(m-p)x+m^2=0$이다. 판별식>0이므로 $p^2-2mp>0$을 얻는다. 또, $x_1+x_2=2(p-m)$, 중점 $M(x_0,\ y_0)$이므로 $x_0=p-m$, $y_0=x_0+m=p$이다. 즉, $M(p-m,\ p)$이므로 $y=-x+1$에 대입하면 $m=2p-1$을 얻는다. $p^2-2mp>0$이므로 구하는 p값의 범위는 $0<p<\frac{2}{3}$이다.

쌍곡선 $x^2-y^2=1$의 곡선 위의 점 $P(a,\ b)$에서 직선 $y=x$에 이르는 거리가 $\sqrt{2}$일 때, $a+b$의 값을 구하여라.

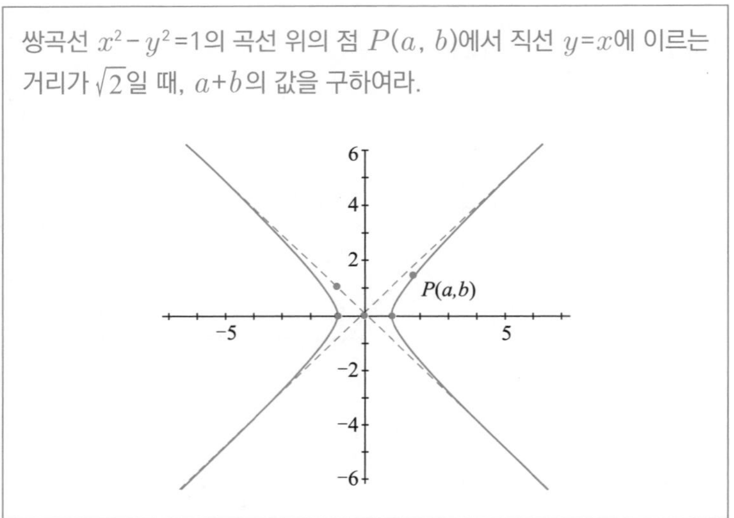

분석

쌍곡선 $x^2-y^2=1$의 곡선 위의 점 $P(a,\ b)$를 어떻게 이해할까?

만약 쌍곡선 $x^2-y^2=1$의 곡선 위의 점 $P(a,\ b)$를 $a^2-b^2=1$로 표현한다면 분명한 것은 이것만으로는 충분하지 않다는 것이다. 기하 관점에서 점 $P(a,\ b)$의 위치는 쌍곡선의 점근선을 빌려와 표현할 수 있다.

쌍곡선 $x^2-y^2=1$의 점근선의 방정식은 $x\pm y=0$이므로 쌍곡선 $x^2-y^2=1$ 위의 점 $P(a,\ b)$의 위치관계는 이 점과 두 점근선의 위치관계로 나타난다.

즉, 점근선 $x-y=0$의 오른쪽 아랫부분, 점근선 $x+y=0$의 오른쪽 윗부분에 있다.

그러면 점 $P(a,\ b)$가 만족하는 부등식은 $\begin{cases} x-y>0 \\ x+y>0 \end{cases}$, 즉 $\begin{cases} a-b>0 \\ a+b>0 \end{cases}$이다.

또한, 조건에 의하면 점 P에서 직선 $y=x$에 이르는 거리는 $\sqrt{2}$이므로 $\dfrac{|a-b|}{\sqrt{2}}=\sqrt{2}$, 즉, $a-b=\pm 2$이다.

$a-b>0$이므로 $a-b=2$이다. 또한, 점 $P(a,\ b)$는 쌍곡선 $x^2-y^2=1$의 오른쪽 곡선 위에 있으므로 $a^2-b^2=1$이다. 그러므로 $a+b=\dfrac{1}{2}$이다.

MATH TALK

우리는 이제 평면기하의 일반적인 방법을 알아보았다. 우선 기하대상의 기하 특징을 분석해야 한다. 직선, 원, 타원, 포물선, 쌍곡선 등과 같은 기하대상은 모두 다른 대수형식의 곡선의 방정식으로 나타낼 수 있다. 우리는 방정식으로부터 기하성질을 분석할 수 있다. 동시에 서로 다른 기하대상 사이의 위치관계를 확인할 수 있다. 이런 기하대상의 기하 특징도 도형 또는 서로 관련되는 수량관계로 나타내어 분석할 수 있다. 이런 기초 위에 다시 기하대상의 기하 특징을 대수화하여 대응하는 대수형식을 얻는다. 그런 다음 대수연산을 통해 기하 특징을 분석하는 것으로 기하결론을 얻어낼 수 있다.

3. 적합한 대수화 형식 선택하기

점 A, B를 타원 $\frac{x^2}{4}+\frac{y^2}{3}=1$의 x축 위의 두 꼭짓점이라고 하자. 점 P를 직선 $x=4$ 위의 점 (4, 0)이 아닌 임의의 한 점이다. 만약 직선 $\overleftrightarrow{AP}$, $\overleftrightarrow{BP}$가 타원과 만나는 서로 다른 두 점을 각각 점 M, N이라고 할 때, 점 B는 $\overline{MN}$을 지름으로 하는 원의 내부에 있음을 증명하여라.

점 B가 $\overline{MN}$을 지름으로 하는 원의 내부에 있다는 것을 어떻게 증명할까?

분석

$\overline{MN}$을 지름으로 하는 원의 방정식을 세우려면 점 $B(2, 0)$가 원의 내부에 있다는 것을 다시 확인해야 한다. $\overline{MN}$을 지름으로 하는 원의 방정식은 $M(x_1, y_1)$, $N(x_2, y_2)$으로 두고 세울 수 있는데, 미지수가 너무 많기 때문에 바로 알기는 어려울 것이다.

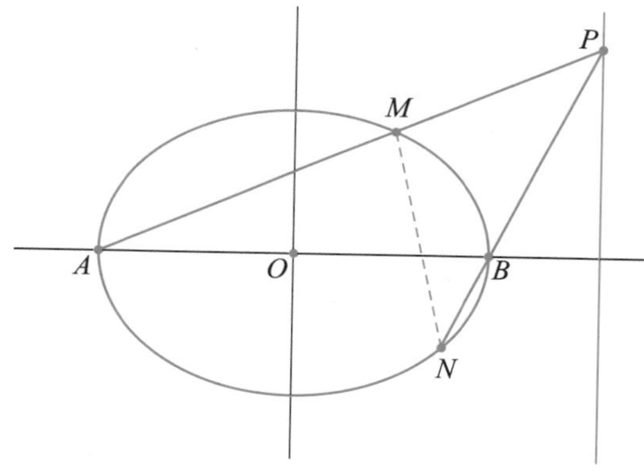

비슷한 방법으로, 점 B에서 선분 $\overline{MN}$에 이르는 거리와 원의 반지름의 길이를 비교하는 것이 있다. 즉 $\overline{MN}$의 길이의 반으로 비교하는 것이다. 하지만 이 방법 또한 어렵기는 마찬가지이다. 이유는 기하대상의 기하 특징 분석이 제대로 이루어지지 않았기 때문이다.

점 B가 선분 $\overline{MN}$을 지름으로 하는 원의 내부에 있다는 기하 특징은 $\angle MBN$이 둔각이라는 것이다. 그러나 이것을 값으로 표시하려고 하면 포함되는 미지수가 4개가 되기 때문에 대수화하기는 매우 귀찮을 것이다.

그러면 기하특징 분석으로 도형을 발견해 보자. $\angle MBN$이 둔각이라면 $\angle MBP$는 분명히 예각이다. 이 기하 특징을 대수화하는 것이 가장 적합해 보인다. 여기서 나타나는 미지수는 3개이다.

점 M을 $M(x_0, y_0)$이라고 두자. 점 M은 타원 위의 점이므로 $y_0^2=\frac{3}{4}(4-x_0^2)$이다. … ①

또한, 점 $M(x_0, y_0)$은 서로 다른 두 꼭짓점 A, B 사이에 있으므로 $-2<x_0<2$이다.

세 점 P, A, M은 일직선상에 있으므로 $P\left(4, \frac{6y_0}{x_0+2}\right)$를 얻는다.

$\overrightarrow{BM}=(x_0-2, y_0)$, $\overrightarrow{BP}=\left(2, \frac{6y_0}{x_0+2}\right)$이므로

$\overrightarrow{BM}\cdot\overrightarrow{BP}=2x_0-4+\frac{6y_0^2}{x_0+2}=\frac{2}{x_0+2}(x_0^2-4+3y_0^2)$이다. … ②

①을 ②에 대입하여 간단히 하면, $\overrightarrow{BM}\cdot\overrightarrow{BP}=\frac{5}{2}(2-x_0)$이다.

$2-x_0>0$이므로 $\overrightarrow{BM}\cdot\overrightarrow{BP}>0$을 얻는다. 즉, $\angle MBP$는 예각이다.

$\angle MBN$이 둔각이라는 사실로부터, 점 B가 선분 $\overline{MN}$을 지름으로 하는 원의 내부에 있다는 것을 확인하였다.

MATH TALK

기하 문제에서 대수화하는 방법을 선택하는 것은 매우 중요하다. 적합한 대수화 방법을 찾고 문제를 제대로 이해해야 한다. 그리고 그 방법은 기하대상의 기하 특징을 분석하는 것에서 시작된다.

포물선 $C: y^2=4x$에서 초점을 F, 점 P를 포물선 C 위를 움직이는 점이라고 하자. $A(-1, 0)$일 때, $\dfrac{\overline{PF}}{\overline{PA}}$의 최솟값은 ________ 이다.

분석

만약 연구대상의 기하 특징을 분석하지 않고 직접 대수화를 한다면 다음과 같다.

$$\frac{\overline{PF}}{\overline{PA}}=\frac{\sqrt{(x-1)^2+y^2}}{\sqrt{(x+1)^2+y^2}}=\cdots\cdots$$

이 식을 계산하려면 양이 방대하고 답이 나오지 않는다. 점 P는 동점이므로

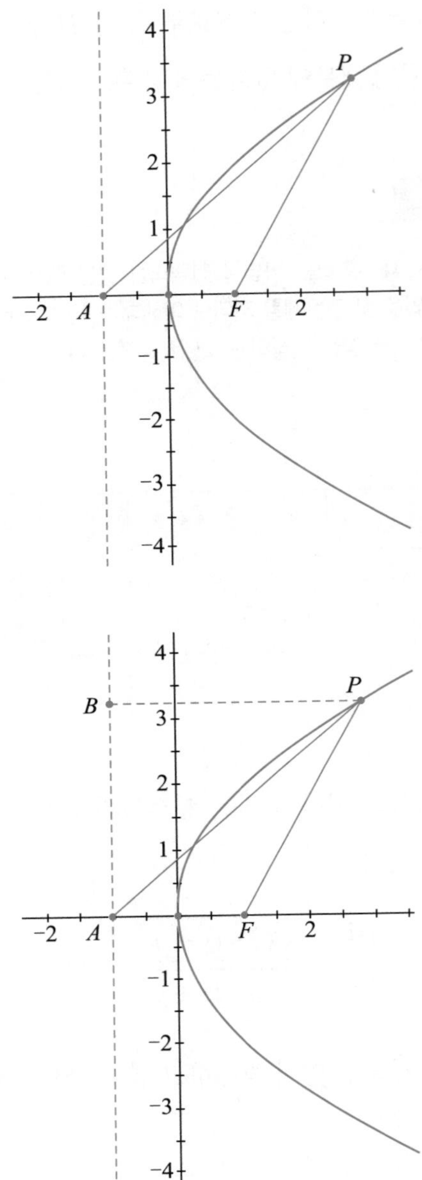
P
4
3
2
1
−2
A
F
2
−1
−2
−3
−4
B
P
4
3
2
1
−2
A
F
2
−1
−2
−3
−4

$\overline{PA}$, $\overline{PF}$는 모두 변한다. 그래서, $\triangle APF$는 특수한 삼각형이 아니기 때문에 $\frac{\overline{PF}}{\overline{PA}}$의 최솟값을 직접 구하는 것은 매우 힘들다. 포물선의 정의에 의해, $y^2=4x$ 위의 임의의 점에서 초점 F에 이르는 거리는 준선에 이르는 거리와 같다. 따라서 $\overline{PB}$는 준선 $x=-1$에 수직이다.

즉, $\overline{PF}=\overline{PB}$, $\overline{PB} \mathbin{/\mkern-6mu/} \overline{FA}$이므로 $\frac{\overline{PF}}{\overline{PA}}$의 최솟값을 구하는 것은 $\frac{\overline{PB}}{\overline{PA}}$의 최솟값을 구하는 문제로 바뀐다. 그리고 $\overline{PB}$와 $\overline{PA}$는 직각삼각형 $\triangle ABP$의 직각변과 빗변으로 미지수 하나로 나타낼 수 있다.

$\angle APB=a$, $\cos a=\frac{\overline{PB}}{\overline{PA}}$라고 하면, $\frac{\overline{PB}}{\overline{PA}}$의 최솟값을 구하는 것은 곧, $\cos a$의 최솟값을 구하는 문제가 된다. 즉, a가 최대 또는 $\angle PAF$가 최대인 것을 구하는 것이다.

기하 관점에서 이때, 직선 $\overleftrightarrow{PA}$와 포물선 C : $y^2=4x$는 서로 접한다.

이것을 식으로 나타내면, $\begin{cases} y=k(x+1) \\ y^2=4x \end{cases}$이고
$k^2x^2+2(k^2-2)x+k^2=0$이다.

판별식$=0$이므로 $k^2=1$이고 $k=1$을 얻는다.

$a=\frac{\pi}{4}$일 때, $\frac{\overline{PF}}{\overline{PA}}$의 최솟값$=\cos\frac{\pi}{4}=\frac{\sqrt{2}}{2}$이다.

위 대수화 방법은 기하 특징에 대해 기본적인 분석을 한 것이

고 $\frac{\overline{PF}}{\overline{PA}}$의 최솟값을 기하함의로 분석한 것이다.

$\angle BAP$의 최솟값을 구하여 확인할 수도 있다. 이것 또한 $\tan\angle BAP$가 최소인 값을 구하는 것으로, 최솟값은

$$\tan\angle BAP=\frac{x+1}{y}=\frac{x+1}{2\sqrt{x}}=\frac{\sqrt{x}}{2}+\frac{1}{2\sqrt{x}}\geq 1$$이므로

$\angle BAP=\frac{\pi}{4}$ 이다.

$y=\frac{x^2}{4}$과 직선 $l:y=kx+a(a>0)$의 교점을 M, N이라고 하자. 점 P는 y축 위에 존재하는가? k값이 변할 때, 항상 $\angle OPM=\angle OPN$이 성립할까?

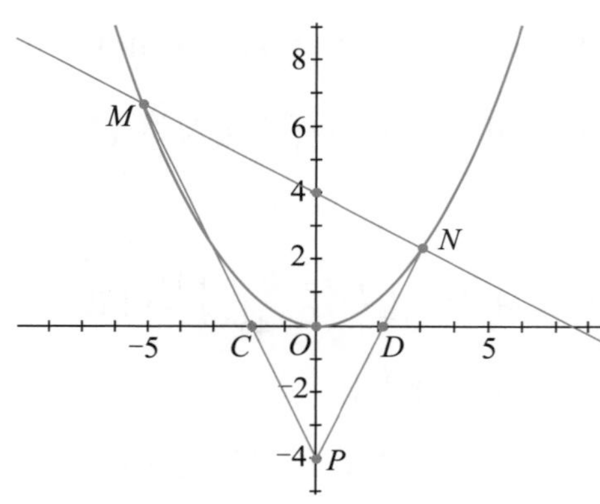

분석

어떤 대수식으로 $\angle OPM = \angle OPN$을 나타낼 수 있을까?

점 $P(0, b)$를 문제의 뜻에 부합하는 점이라고 하자.

$\angle OPM = \angle OPN$이라면 대칭성에 근거하여 그림과 같음을 알 수 있다. $\angle DCP = \angle CDP$이기만 하면 직선 $\overleftrightarrow{PM}$의 기울어진 각과 직선 $\overleftrightarrow{PN}$의 기울어진 각은 서로 보완한다. 즉, 직선 $\overleftrightarrow{PM}$의 기울기 k_1과 직선 $\overleftrightarrow{PN}$의 기울기 k_2는 서로 합이 0이다.

$\begin{cases} y = \dfrac{x^2}{4} \\ y = kx + a \end{cases}$ 이므로 $x^2 - 4kx - 4a = 0$이다.

$M(x_1, y_1)$, $N(x_2, y_2)$이라고 하면 $x_1 + x_2 = 4k$, $x_1 x_2 = -4a$ 이므로

$$k_1 + k_2 = \frac{y_1 - b}{x_1} + \frac{y_2 - b}{x_2} = \frac{(a+b)k}{a}$$

$b = -a$일 때, $k_1 + k_2 = 0$이므로 $P(0, -a)$이다.

쌍곡선 $\frac{x^2}{3} - y^2 = 1$, $A(0, -1)$에 대하여 직선 $l: y = kx + m (k \neq 0)$과 쌍곡선은 서로 다른 두 점 C, D에서 만난다. C, D는 모두 점 A를 원의 중심으로 하는 동일한 원 위에 있다. 이때, m값의 범위를 구하여라.

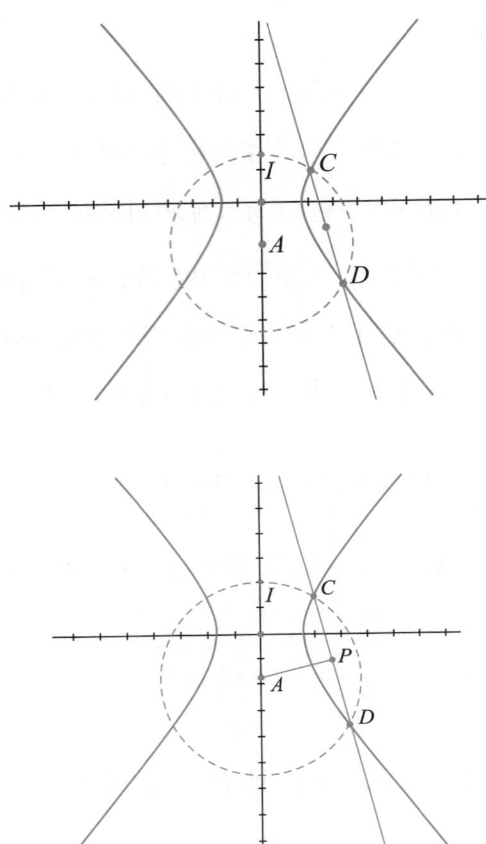

분석

(1) 직선 l과 쌍곡선 $\frac{x^2}{3} - y^2 = 1$이 서로 다른 두 점 C, D에서 만날 때, C, D의 대수화

$\begin{cases} \frac{x^2}{3} - y^2 = 1 \\ y = kx + m \end{cases}$ 에서 y를 소거하면

$\left(\frac{1}{3}-k^2\right)x^2-2kmx-m^2-1=0$이다.

판별식 >0이므로 $m^2-3k^2+1>0$ …… ①

(2) C, D는 점 A를 원의 중심으로 둔 동일한 원 위에 있는 점으로, 어떻게 대수화하면 좋을까?

$\overline{CD}$의 중점을 P라고 하자. 즉, $\overline{AP}\perp\overline{CD}$이다.

중점 $P\left(\dfrac{2km}{\frac{1}{3}-k}, \dfrac{m}{1-3k^2}\right)$이고, $A(0, -1)$이므로

직선 $\overleftrightarrow{AP}$의 기울기 $=\dfrac{1-3k^2+m}{3km}=-\dfrac{1}{k}$ 이다.

즉, $3k^2=1+4m>0$이다. …… ②

①, ②를 통해 알 수 있는 것은 $m\in\left(\frac{1}{4}, 0\right)\cup(4, +\infty)$이다.

타원 $C: x^2+2y^2=9$, 점 $P(2, 0)$이다. $(1, 0)$을 지나는 직선 l과 타원 C는 두 점 M, N에서 만난다. $\overline{MN}$의 중점을 T라고 하자. 이때, $\overline{TP}$와 $\overline{TM}$의 크기를 비교하고 이를 증명하여라.

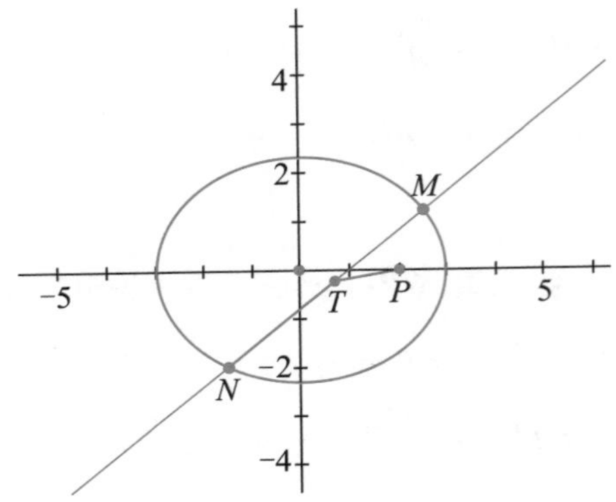

분석

방법 1

결론은 $\overline{TP} < \overline{TM}$이다. 왜냐하면,

① 직선 l의 기울기가 존재하지 않을 때, $l : x=1$,

$\overline{TP}=1<\overline{TM}=2$이다.

② 직선 l의 기울기가 존재할 때, 직선 $l : y=k(x-1)$,

$M(x_1,\ y_1)$, $N(x_2,\ y_2)$, $T(x_T,\ y_T)$라고 하자.

$\begin{cases} x^2+2y^2=9 \\ y=k(x-1) \end{cases}$ 를 정리하면 $(2k^2+1)x^2-4k^2x+2k^2-9=0$이고

판별식$=(4k^2)^2-4(2k^2+1)(2k^2-9)=64k^2+36>0$이다.

그러므로,

$x_1+x_2=\dfrac{4k^2}{2k^2+1}$, $x_1x_2=\dfrac{2k^2-9}{2k^2+1}$

$$x_T=\frac{1}{2}(x_1+x_2)=\frac{2k^2}{2k^2+1},\ y_T=k(x_T-1)=\frac{k}{2k^2+1}$$

$$\overline{TP}^2=(x_T-2)^2+y_T^2=\left(\frac{2k^2}{2k^2+1}-2\right)^2+\left(-\frac{k}{2k^2+1}\right)^2$$
$$=\frac{(2k^2+2)^2+k^2}{(2k^2+1)^2}=\frac{4k^4+9k^2+4}{(2k^2+1)^2}$$

$$\overline{TM}^2=\left(\frac{1}{2}\overline{MN}\right)^2=\frac{1}{4}(k^2+1)(x_1-x_2)^2$$
$$=\frac{1}{4}(k^2+1)\{(x_1+x_2)^2-4x_1x_2\}$$
$$=\frac{1}{4}(k^2+1)\left\{\left(\frac{4k^2}{2k^2+1}\right)^2-4\cdot\frac{2k^2-9}{2k^2+1}\right\}=\frac{(k^2+1)(16k^2+9)}{(2k^2+1)^2}$$
$=\dfrac{16k^4+25k^2+9}{(2k^2+1)^2}$ 이다.

이때, $\overline{TM}^2-\overline{TP}^2=\dfrac{16k^4+25k^2+9}{(2k^2+1)^2}-\dfrac{4k^4+9k^2+4}{(2k^2+1)^2}$

$=\dfrac{12k^4+16k^2+5}{(2k^2+1)^2}>0$이다.

따라서 $\overline{TP}<\overline{TM}$이다.

방법 2

결론은 $\overline{TP}<\overline{TM}$이다. 왜냐하면,

① 직선 l의 기울기가 존재하지 않을 때, $l:x=1$,
$\overline{TP}=1<\overline{TM}=2$이다.

② 직선 l의 기울기가 존재할 때, 직선 $l:y=k(x-1)$,
$M(x_1,\ y_1)$, $N(x_2,\ y_2)$라고 하자.

$\begin{cases} x^2+2y^2=9 \\ y=k(x-1) \end{cases}$ 를 정리하면 $(2k^2+1)x^2-4k^2x+2k^2-9=0$이고

판별식$=(4k^2)^2-4(2k^2+1)(2k^2-9)=64k^2+36>0$이다.

그러므로,

$$x_1+x_2=\frac{4k^2}{2k^2+1},\ x_1x_2=\frac{2k^2-9}{2k^2+1}$$

$$\overrightarrow{PM}\cdot\overrightarrow{PN}$$
$$=(x_1-2)(x_2-2)+y_1y_2$$
$$=(x_1-2)(x_2-2)+k^2(x_1-1)(x_2-1)$$
$$=(k^2+1)x_1x_2-(k^2+2)(x_1+x_2)+k^2+4$$
$$=(k^2+1)\cdot\frac{2k^2-9}{2k^2+1}-(k^2+2)\cdot\frac{4k^2}{2k^2+1}+k^2+4$$
$$=\frac{6k^2+5}{2k^2+1}<0$$이다.

그러므로, $\angle MPN<90°$, 즉 점 P는 $\overline{MN}$이 지름인 원의 내부에 있다.

따라서 $\overline{TP}<\overline{TM}$이다.

4. 평면해석기하 문제의 풀이 전략

평면해석기하 문제를 풀 때는 해석기하 문제에서의 일반적인 방법이 필요하다. 대수방법을 이용하여 기하문제를 풀기 위해서는 다음의 네 단계를 밟는 것을 기억해야 한다.

(1) 기하 특징 분석

문제조건에 근거하여 기하대상의 기하 특징을 읽어내며, 하나의 기하대상이 가지는 기하성질을 연구해야 한다. 서로 다른 기하대상에 대하여, 그들 사이의 위치관계에 관점을 두고 도형을 그린 후 분석한 기하 특징을 직관적으로 나타낸다.

(2) 대수화

기하대상이 가지는 기하 특징을 파악한 후 이에 적합하도록 대수화해야 한다. 기하원소의 대수화를 포함하여 위치관계의 대수화 등 문제의 목표에 맞는 대수화가 필요하다.

(3) 대수연산

연립방정식 풀이를 포함하여 미지수를 소거하고 함수의 연구 방법을 활용하여 관련된 최대최솟값문제를 풀 수 있다.

(4) 기하결론

대수연산으로 대수결과를 얻음으로써 기하결론을 이끌어낼 수 있다.

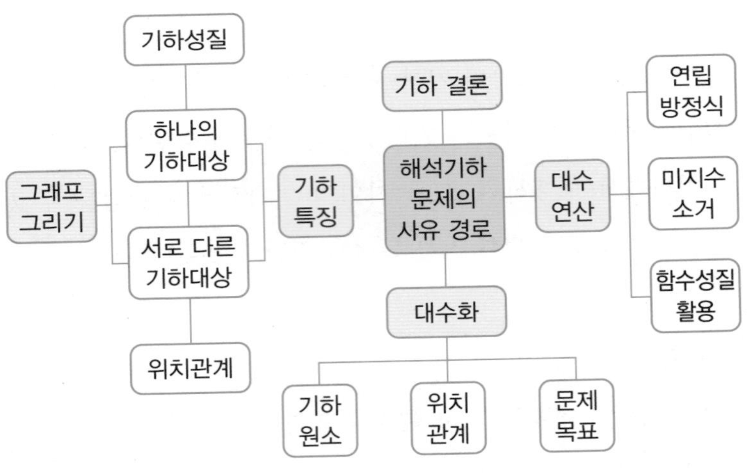

타원 $C: x^2+2y^2=4$이고 점 O를 원점으로, 점 A를 타원 C 위의 점으로, 그리고 점 B는 직선 $y=2$ 위에 있고 $\overline{OA} \perp \overline{OB}$일 때, 직선 $\overleftrightarrow{AB}$와 원 $x^2+y^2=2$의 위치관계를 알아보고 이를 증명하여라.

분석

[1단계: 기하 특징 분석]

이 문제에는 두 개의 곡선 도형이 있다. 타원 $C: x^2+2y^2=4$와 원 $x^2+y^2=2$이다. 방정식에서 알 수 있는 것은 공통의 대칭중심이 (0, 0)이라는 것이다. 타원의 단축 길이의 절반은 $\sqrt{2}$로 원 $x^2+y^2=2$의 반지름 길이와 같다. 따라서 타원

$C: x^2+2y^2=4$와 원 $x^2+y^2=2$는 그림과 같이 서로 접하는 위치관계가 있다.

또한 조건 "점 A를 타원 C 위의 점으로, 그리고 점 B는 직선 $y=2$ 위에 있고 $\overline{OA} \perp \overline{OB}$이다"로 나타나는 기하 특징은 그림과 같이 그래프 위에 나타낼 수 있다.

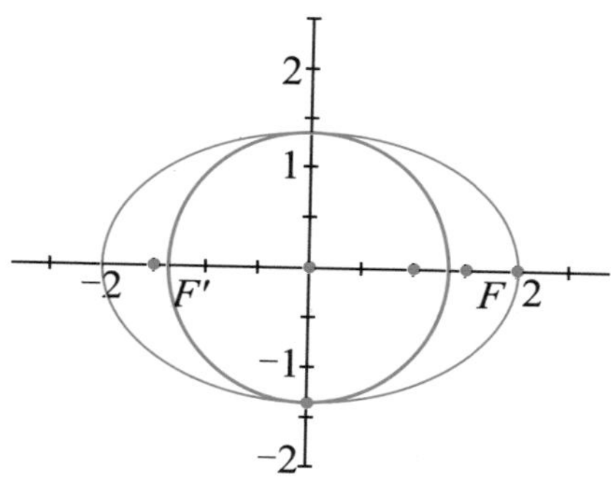

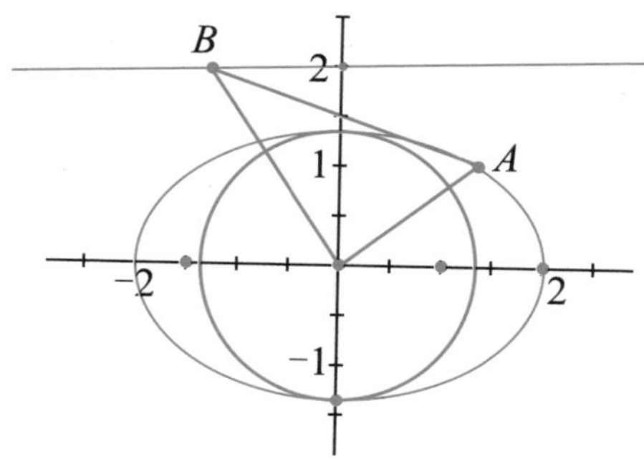

[2단계: 대수화]

① 원소의 대수화

$A(x_1, y_1)$라고 두면 $x_1^2+2y_1^2=4$를 만족한다.

$B(t, 2)$라고 두면 직선 $\overleftrightarrow{AB}$는 $y-2=\frac{y_1-2}{x_1-t}(x-t)(x\neq t)$

이므로

즉, $(2-y_1)x+(x_1-t)y-2x_1+ty_1=0$이다.

만약 $x_1=t$이면, 직선 $\overleftrightarrow{AB}$의 방정식은 $x=t$이다.

② 위치관계 대수화

$\overline{OA}\perp\overline{OB}$이므로 대수화 형식은 $x_1t+2y_1=0$이다.

③ 문제목표의 대수화

$$d=\frac{|-2x_1+ty_1|}{\sqrt{(2-y_1)^2+(x_1-t)^2}}$$

[3단계: 대수연산]

$x_1^2+2y_1^2=4$이므로 $x_1^2=4-2y_1^2$이다.

$x_1t+2y_1=0$이므로 $t=-\frac{2y_1}{x_1}$이다.

따라서 $|-2x_1+ty_1|=\frac{2}{|x_1|}|4-y_1^2|$, $\sqrt{(2-y_1)^2+(x_1-t)^2}$

$=\frac{\sqrt{2}}{|x_1|}|4-y_1^2|$이므로 $d=\sqrt{2}$이다. $x_1=t$라고 하면,

$t=-\dfrac{2y_1}{x_1}$이므로 $y_1=-\dfrac{t^2}{2}$이다.

점 $A\left(t, -\dfrac{t^2}{2}\right)$를 타원의 방정식 $x^2+2y^2=4$에 대입하면 $t=\pm\sqrt{2}$를 얻는다.

따라서 직선 $\overleftrightarrow{AB}$의 방정식은 $x=\pm\sqrt{2}$이다.

[기하결론]

직선 $\overleftrightarrow{AB}$와 원 $x^2+y^2=2$는 서로 접한다.

쌍곡선 $W:\dfrac{x^2}{2}-\dfrac{y^2}{2}=1(x\geq\sqrt{2})$에서 점 A, B가 W 위의 서로 다른 두 점이고 점 O가 원점이라면, $\overrightarrow{OA}\cdot\overrightarrow{OB}$의 최솟값을 구하여라.

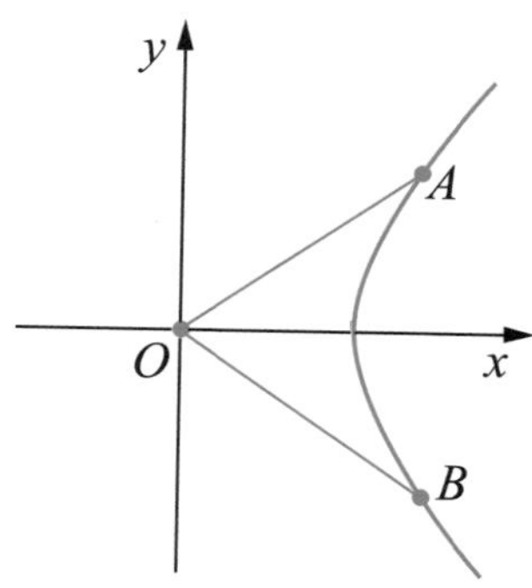

분석

[1단계: 기하 특징 분석]

$W: \frac{x^2}{2} - \frac{y^2}{2} = 1(x \geq \sqrt{2})$가 나타내는 곡선은 쌍곡선의 오른쪽 부분이다. 점근선의 방정식은 $y=\pm x$로 점근선이 이루는 각은 $90°$이다.

[2단계: 대수화]

-대수화 분석1

문제의 질문을 먼저 파악하라. $\overrightarrow{OA} \cdot \overrightarrow{OB}$의 최솟값은 어떻게 나온 결과일까? 만약 직선 $\overleftrightarrow{AB}$의 변화가 $\overrightarrow{OA} \cdot \overrightarrow{OB}$의 변화에 영향을 준다면, 직선 $\overleftrightarrow{AB}$를 대응하도록 대수화해야 한다.

① $\overleftrightarrow{AB}$의 기울기가 존재하지 않을 때 :

$A(x_1, y_1)$, $B(x_1, -y_1)$ 로 두면

$\overrightarrow{OA} \cdot \overrightarrow{OB} = x_1x_2 + y_1y_2 = x_1^2 - y_1^2 = 2$이다.

② $\overleftrightarrow{AB}$의 기울기가 존재할 때 :

직선 $\overleftrightarrow{AB}$의 방정식을 $y = kx + m$ (k, m은 일정하게 변한다)이라고 하면

$\overrightarrow{OA} \cdot \overrightarrow{OB} = x_1x_2 + y_1y_2 = f(k, m)$이다.

$\begin{cases} y=kx+m \\ x^2-y^2=2(x \geq \sqrt{2}) \end{cases}$ 를 연립하면 $x^2-(kx+m)^2=2$이다.

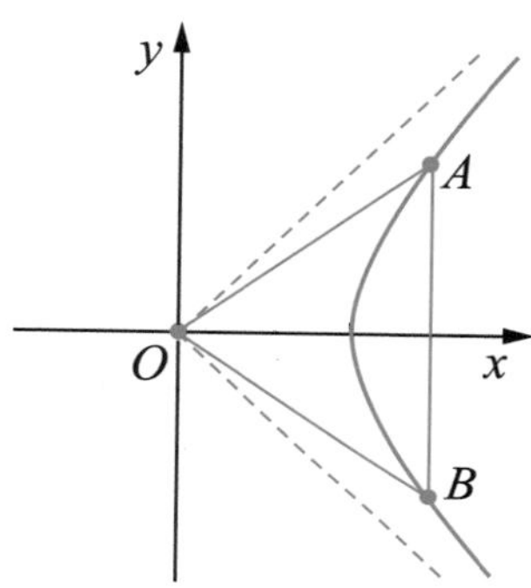

-대수연산

간단히 정리하면 $(1-k^2)x^2-2kmx-m^2-2-0$ 이므로

$x_1+x_2=\dfrac{2km}{1-x^2}$, $x_1x_2=\dfrac{m^2+2}{k^2-1}$ 이다.

$\overrightarrow{OA} \cdot \overrightarrow{OB}=x_1x_2+(kx_1+m)(kx_2+m)=(1+k^2)x_1x_2$

$+km(x_1+x_2)+m^2=\dfrac{(1+k^2)(m^2+2)}{k^2-1}+\dfrac{2k^2m^2}{1-k^2}+m^2$

$=\dfrac{2k^2+2}{k^2-1}=2+\dfrac{4}{k^2-1}$ 이다.

k^2의 범위를 어떻게 구할까?

대수화 결과로 보면 $x_1x_2=\dfrac{m^2+2}{k^2-1}>0$ 이므로 $k^2>1$이다.

기하의 관점에서 보면, 직선 $\overleftrightarrow{AB}$의 기울기는 $k>1$ 또는 $k<-1$이다.

$f(k^2)=2+\dfrac{4}{k^2-1}\,(k^2>1)$이므로 함수 그래프는 다음과 같이 나타난다.

$f(k^2)>2$이므로 $\overrightarrow{OA}\cdot\overrightarrow{OB}>2$이다.

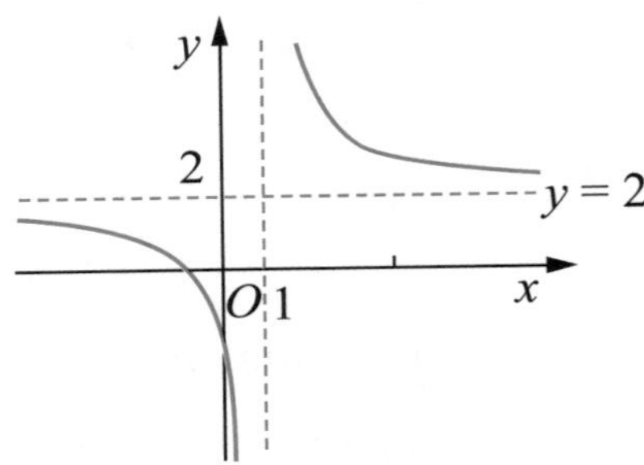

①, ②로 $\overrightarrow{OA}\cdot\overrightarrow{OB}\geq 2$임을 알 수 있으므로 $\overrightarrow{OA}\cdot\overrightarrow{OB}$의 최솟값은 2이다.

-대수화 분석2

$\overrightarrow{OA}\cdot\overrightarrow{OB}$의 변화와 $A(x_1,\ y_1)$, $B(x_2,\ y_2)$의 관계를 대수화하면 $x_1^2-y_1^2=2$, $x_2^2-y_2^2=2$이다.

-대수연산

$\overrightarrow{OA} \cdot \overrightarrow{OB} = x_1x_2 + y_1y_2$이고 위의 두 식을 곱하면

$x_1^2x_2^2 + y_1^2y_2^2 - x_1^2y_2^2 - x_2^2y_1^2 = 4$이므로

$x_1^2x_2^2 + y_1^2y_2^2 = 4 + x_1^2y_2^2 + x_2^2y_1^2$이다.

$\overrightarrow{OA} \cdot \overrightarrow{OB} > 0$이므로

$(\overrightarrow{OA} \cdot \overrightarrow{OB})^2 = (x_1x_2 + y_1y_2)^2 = x_1^2x_2^2 + y_1^2y_2^2 + 2x_1x_2y_1y_2$

$= 4 + x_1^2y_2^2 + x_2^2y_1^2 + 2x_1x_2y_1y_2 = 4 + (x_1y_2 + x_2y_1)^2 \geq 4$

따라서 $\overrightarrow{OA} \cdot \overrightarrow{OB} \geq 2$이고 $x_1y_2 + x_2y_1 = 0$이다.

즉 $\begin{cases} x_1 = x_2 \\ y_1 = -y_2 \end{cases}$ 일 때, 등호가 성립한다.

따라서 $\overrightarrow{OA} \cdot \overrightarrow{OB}$의 최솟값은 2이다.

MATH TALK

'움직인다'와 '움직이지 않는다'는 평면해석기하에서 봐야 하는 특징이다. 기하대상의 기하 특징(성질과 위치관계)을 연구하는 것은 평면해석기하문제를 푸는 일반적인 방법이다. 평면해석기하의 기본은 곧 기하대상을 대수화하고, 대수연산을 통해 대수결과를 얻는 것으로, 결과적으로 기하결론을 얻을 수 있다.

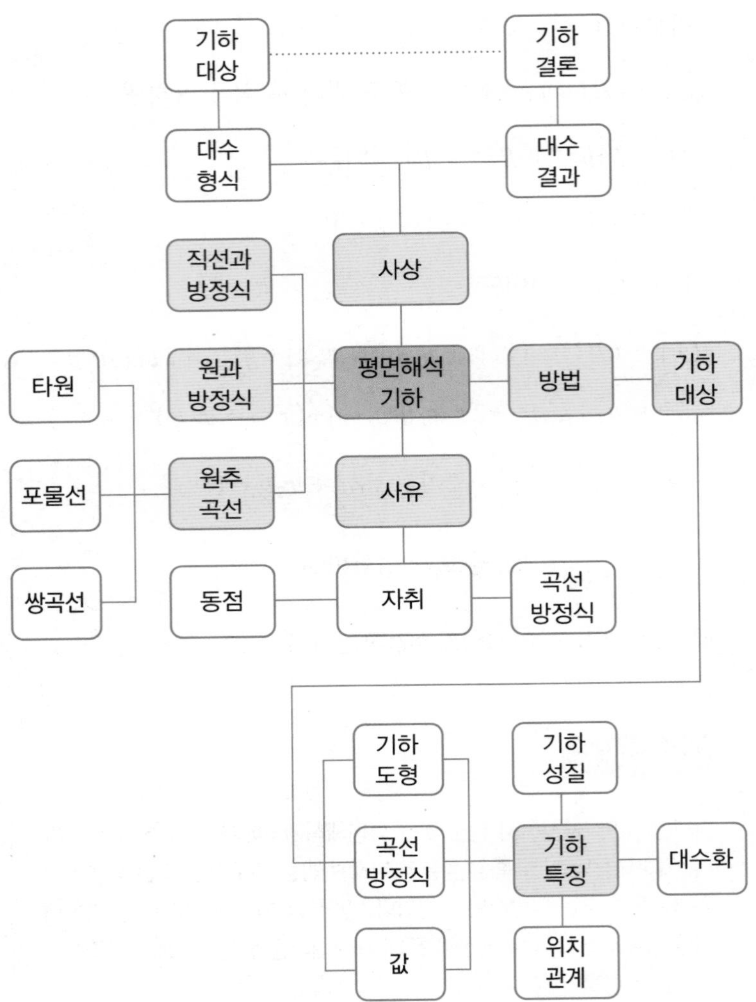
기하 대상
기하 결론
대수 형식
대수 결과
직선과 방정식
사상
타원
원과 방정식
평면해석 기하
방법
기하 대상
포물선
원추 곡선
사유
쌍곡선
동점
자취
곡선 방정식
기하 도형
기하 성질
곡선 방정식
기하 특징
대수화
값
위치 관계

수학과 통하다

왜 7+5=12일까?

7 + 5 = ?

7개의 사과에 5개의 사과를 더하면 12개의 사과가 된다. 그런데, 만약 7개의 사과에 5개의 배를 더하라고 하면 어떻게 대답할 수 있을까? 단순하게 모두 12개라고 하기에는 뭔가 찜찜하다. 그러면 왜 12개라는 대답을 할 수 밖에 없을까?

우선, 우리가 생각해야 할 문제는 7이 무엇인지, 그리고 5가 무엇인지이다.

7과 5는 모두 자연수로서 7은 1이 7개이고, 5는 1이 5개이다. 바로 7과 5는 공통의 단위 1을 가진다. 이들은 가감연산을 할 수 있다. 따라서 7+5는 7개의 1에 5개의 1을 더하므로 모두 12개의 1이 있다. 그러므로 7+5=12이다.

다음 몇 가지 문제를 함께 보자.

두 분수의 크기를 비교하거나 서로 더하거나 뺄 때, 분모가 다르면 왜 통분을 해야 할까?

예를 들어, $\frac{3}{5}$과 $\frac{1}{2}$을 보자. 이것은 분모가 서로 다른 분수로 소수 꼴로 바꾸지 않는다면 누가 더 크고 작은지 직접 비교할 수 없고 가감연산도 할 수 없다. 즉, $\frac{3}{5}=\frac{6}{10}$, $\frac{1}{2}=\frac{5}{10}$로 통분할 필요가 있다. 그 이유는 무엇일까?

실제로 $\frac{3}{5}$을 살펴보자. 우선 전체를 5등분하여(각 부분은 $\frac{1}{5}$이다) 한 부분을 기본단위로 한다. $\frac{3}{5}$의 뜻은 전체에서 3개의 부분을 차지하는 것으로 기본단위 3개가 된다.

같은 방법으로 $\frac{1}{2}$을 보면 전체를 2등분하여(각 부분은 $\frac{1}{2}$이다) 한 부분을 기본단위로 한다. $\frac{1}{2}$의 뜻은 전체에서 1개의 부분을 차지하는 것으로 기본단위 1개이다.

$\frac{3}{5}$과 $\frac{1}{2}$, 이 두 분수는 기본단위가 서로 다르므로 직접 크기를 비교할 수 없고 서로 가감연산도 할 수 없는 것이다. 그래서 우리는 통일된 모양의 수를 기본단위로 해야 한다.

그리하여 $\frac{1}{5}$을 전체로 하여 각 부분을 2등분하면 전체를 10등분한 결과가 되고 $\frac{1}{10}$이 기본단위가 된다.

같은 방법으로 $\frac{1}{2}$을 전체로 하여 각 부분을 5등분하면 전체를 10등분한 결과가 되고 $\frac{1}{10}$이 기본단위가 된다.

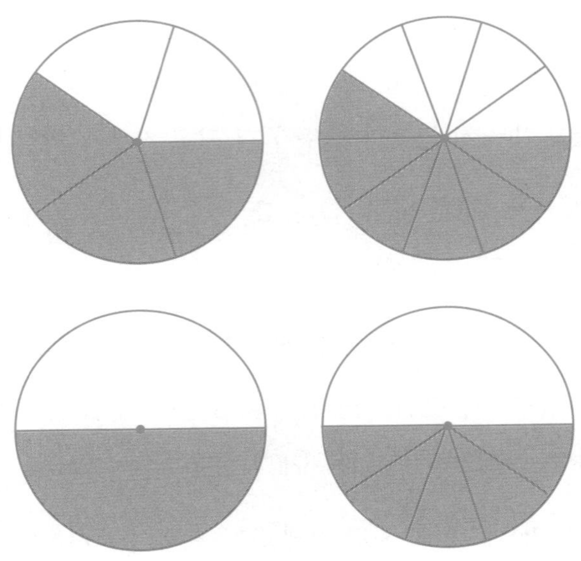

기본단위를 통일한 후에 생각해 보자. 원래의 $\frac{3}{5}$은 5개 중에 3을 차지하는 것이고 이제는 10개 중에 6개를 차지하는 것이므로 $\frac{1}{10}$이 6개, 즉 $\frac{6}{10}$이다. $\frac{1}{2}$도 $\frac{1}{10}$이 5개, 즉 $\frac{5}{10}$가 된다.

이렇게 원래 분모가 서로 다른 두 분수를 통해 통분은 가감연산과 크기 비교를 가능하게 한다는 것을 확인하였다. 분모가 서로 다른 두 분수는 분모를 같게 만들어 주는데, 여기에서는 두 개의 서로 다른 등분을 전체로 보고 다시 등분하여 서로 같은 모양의 분수의 기본단위를 만들었다. 이를 기본으로 하여 등분한 분수도 비교가능한 성질을 가진다. 이로써 분모가 서로 다른 분수의 비교와 가감연산을 할 수 있다. 이것이 분수 통분의 본질이다. 분수의 통분과 가감연산에 대해 이해했다면 분수식의 통분과 가감연산도 할 수 있다.

앞에서 7개의 사과에 5개의 사과를 더하면 12개의 사과를 얻을 수 있었다. 여기서 1개의 사과가 곧 기본단위가 된다. 그러나 1개의 사과와 1개의 배는 서로 다른 기본단위로 7개의 사과에 5개의 배를 더하면 그 결과는 사과 또는 배로 표현할 수 없다. 12개의 과일이라고 표현을 바꾸면 여기서 과일은 곧 하나의 공통된 기본단위가 되는 것이다.

우리는 대개 1은 2를 낳고, 2는 3을 낳는다고 말한다. 그러면 1은 바로 사물의 시작점이자 사물변화의 시작점이다. 같은 방법으로 수학도 이 기본 규칙을 반영하는데 이런 규칙은 실제로 우리가 말하는 공리화 생각의 전개이다.

동류항의 합을 어떻게 이해할까?

xy, $3xy$, $7xy$와 같은 동류항을 모두 더하면 $11xy$이다. 여기

서 xy는 기본단위로 볼 수 있는데, 모든 동류항의 합은 공통 기본단위(또는 수)를 가지며 서로 같은 기본단위라는 전제하에 소위 말하는 합과 차는 기본단위를 이용하여 표현된다. 또한 서로 같은 기본 단위라는 전제에서 동류항의 합에 대한 문제는 곧 실수에 대한 문제가 된다.

만약 우리가 공리화적 관점을 가지고 있다면 수많은 수학 문제를 접할 때 모두 기본적인 생각에 준해서 이해할 수 있을 것이다.

부채꼴의 호의 길이를 구하는 공식은 $l=\frac{n\pi R}{180}$이다.
이 공식은 어떻게 유도할 수 있을까?

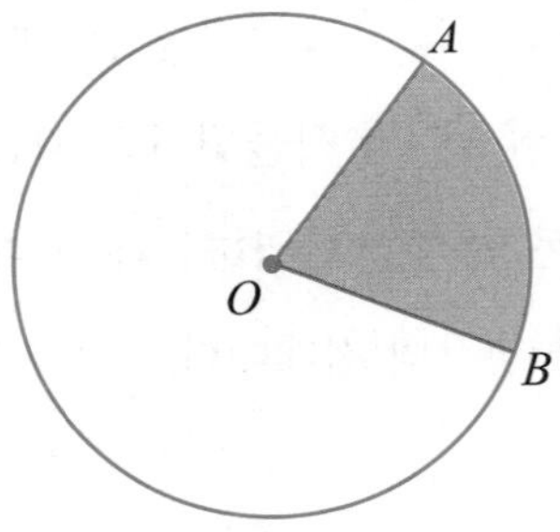

반지름의 길이가 R인 원에서 중심각 360°에 대응하는 호의 길이는 원의 둘레 $C=2\pi R$이므로 중심각 1°에 대응하는 호의

길이는 $\frac{2\pi R}{360}$이다. 즉, $\frac{\pi R}{180}$이다.

위에서 $\frac{\pi R}{180}$은 바로 기본단위로서 중심각 $n°$에 대응하는 호의 길이는 $\frac{n\pi R}{180}$로 알 수 있다.

같은 방법으로 반지름의 길이가 R인 원에서 중심각 360°에 대응하는 부채꼴의 넓이는 바로 원의 넓이로 $S=\pi R^2$이다. 따라서 중심각 1°에 대응하는 부채꼴의 넓이는 $\frac{\pi R^2}{360}$이 되고 여기서 $\frac{\pi R^2}{360}$은 기본단위이다. 이로써, 중심각 $n°$에 대응하는 부채꼴의 넓이는 $\frac{n\pi R^2}{360}$으로 알 수 있다.

우리는 왜 평면기하를 공부해야 할까?

우리가 공부하는 평면기하는 유클리드 기하로서 공리화 사고를 이용하여 연역적으로 완성된 분야이다. 우리가 지금 공부하는 평면기하는 2300여 년 전 유클리드의 ≪기하학원론≫의 원형은 아니지만 기하학이라는 학문의 정교함과 공리화 사고는 여전히 평면기하를 공부하는 가치가 되며, 수학사고능력의 중요성을 충분히 보여준다. 기하지식을 구체화함으로써 우리는 연역추리 사고방법을 키울 뿐만 아니라 기하학에 내재된 공리화 사고의 맥락을 깨우칠 수 있다.

예로, '평행선 판정'에 대해 공부할 때, 우선 기본 사실을 공부해야 한다.

"동위각이 서로 같으면, 두 직선은 평행하다."

이 기본 사실은 어떻게 공부해야 할까?

> 우리는 이전에 이미 직선자와 삼각자를 이용하여 그림과 같이 평행선을 공부했다. 이 과정에서 삼각자는 어떤 역할을 하는가?

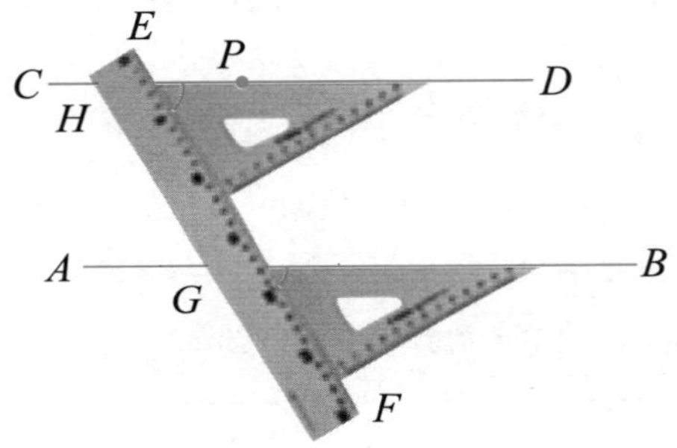

이 결론을 실제실험으로 확인했더라도 여러분은 사실로 받아들일 수 있는가? 우리는 이런 문제를 제기할 수 있다.

'나는 평행인 두 직선을 그린 적이 있을까?'

'어떻게 두 직선이 평행이 되도록 그렸을까?'

다시 연필을 잡고 실제로 그려보자. "삼각자 하나를 이용하여 삼각자를 그대로 끌어올려 두 평행선을 그릴 수 있다. 그러면 나중에 오는 삼각자의 역할은 무엇일까? 삼각자를 끌어올리는 과정에 어떤 변화는 없을까?"

우리는 또한 삼각자 하나를 이용하여 두 평행선을 그릴 수 있는데 두 가지 일반적인 방법이 있다. 하나는 칠판의 모서리를 따라 그대로 올리는 것으로 앞의 방법과 일치한다. 또 다른 하나는 어떤 것에도 의지하지 않고 직접 끌어올려 두 직선을 그리고 이 두 직선이 평행이라고 여길 수 있다. 이런 방법들은 어디서 올 수 있을까?

만약 우리가 스스로에게 묻지 않는다면 스스로 생각하지도 않을 것이다. 자세히 생각해 보면 바로 알 수 있다. 마치 직선자 하나에 의지하지 않더라도 마음 속에는 여전히 직선자가 있는 것처럼 여기고, 직선을 따라 위로 평행이동하는 것으로 그려진 두 직선은 서로 만나지 않는다는 결과를 얻게 된다.

MATH TALK

평행선 판정방법 : 두 직선을 동시에 지나가는 직선을 그었을 때, 동위각이 서로 같으면 두 직선은 평행하다.

이어서, "엇각이 서로 같으면 두 직선은 평행하다"와 "동측 내각이 서로 보각이 되면 두 직선은 평행하다"를 공부할 때 방금 알게 된 기본사실로 추리하여 엄밀한 추리논증을 한다.

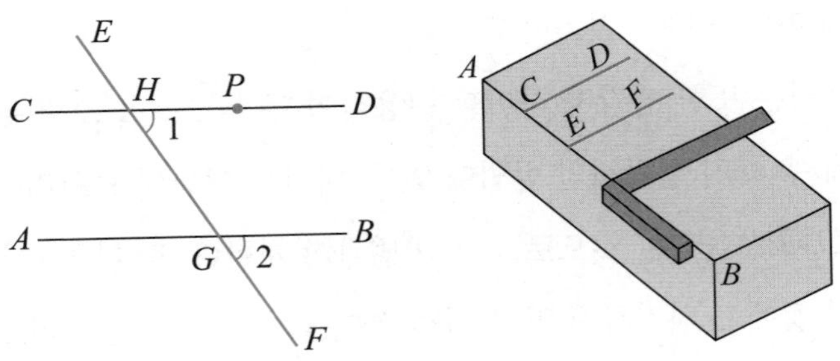

평행선의 성질을 공부하기 전에 우리가 알아야 할 것은 앞의 내용에서 '두 직선의 평행을 판정하는 방법을 어떻게 알아볼 것이냐'이다. 앞에서 언급한 공리화적 사고를 이용하여 두 직선을 판정하여 표현할 수 있는데, 이때 스스로 공리화적 사고를 하고 있는지 확인해야 한다. 그런 다음에는 두 평행선 성질을 자연스럽고 논리적으로 알 수 있을 것이다. 즉, 공리화적 사고에 따르는 것은 공리(두 평행선은 동위각이 서로 같다)와 더불어 이 기초 위에 다른 두 평행선의 성질을 도출할 수 있게 된다.

수업 중에는, 두 평행선이라는 전제하에 동위각이 서로 같다는 결론은 각도기를 이용하여 확인할 수 있는데 이 또한 이제 막 평면기하 공부를 시작할 때 자주 사용하는 검증방식이다. 그러나 이런 방법은 지양해야 하는데, 이것을 수학논증의 한 방법이라고 착각하지 않길 바란다. 각도기를 이용하여 확인하는 것은 수학에서 정리가 아니고 여러분이 결론으로 받아들이는 기본적인 사실일 뿐이다. 수학을 공부할 때 이렇게 확인하는 것은 그렇게 많지 않지만 간혹 평면기하를 처음 공부하는 단계에서 후자의 방법으로 기본사실을 확인하는 경우가 있다.

"두 평행선에서 엇각이 서로 같다 혹은 동측 내각이 보각이다"를 공부할 때에도 각을 직접 재서 확인하는 것이 하나의 방법이 될 수 있는데, 이것은 평면기하의 공리화적 사고에 위배된다.

평행선의 첫 번째 성질 "두 평행선에서 동위각은 서로 같다"를 공부할 때, 반증법을 이용하는 것이 아니라 이 성질 간의 성질로 정리를 만들려고 하는데 이것 또한 공리화적 사유의 기본을 이해하지 못한 것으로, 엄밀하게 확인하려고 하다가 오히려 사유의 방법을 위배하는 결론을 얻게 되는 것처럼 보인다.

벡터를 공부할 때에도 공리화적 사고가 드러날까?

MATH POINT

평행벡터기본정리 : $\vec{a}=\lambda\vec{b}$ 이면 $\vec{a} /\!/ \vec{b}$ 이다. 반대로, $\vec{a} /\!/ \vec{b}$ 이고 $\vec{b} \neq \vec{0}$ 이면 $\vec{a}=\lambda\vec{a}$ 인 실수 λ가 단 하나 존재한다.

평면벡터기본정리 : 같은 평면 위에 존재하는 두 벡터 $\vec{e_1}$, $\vec{e_2}$가 평행하지 않다면 평면 위에 임의의 벡터 $\vec{a}$에 대하여 $\vec{a}=a_1\vec{e_1}+a_2\vec{e_2}$인 실수 a_1, a_2가 단 하나 존재한다.

알 수 있는 사실은 평행벡터기본정리는 두 평행벡터와 실수 λ 사이의 관계로 두 체계의 등가성을 아주 분명하게 설명하며 또한 같은 방향을 가지는 두 벡터를 왜 실수배로 볼 수 있는지 보여준다. 만약 평행벡터의 단위벡터를 $\vec{e}$라고 하면 임의의 벡터 $\vec{a}$는 그것의 1차원 좌표 x(실수)와 일대일대응이 된다.

평면벡터기본정리가 우리에게 알려주는 것은 영벡터가 아닌 두 벡터 $\vec{e_1}$, $\vec{e_2}$가 정하는 평면벡터체계를 '2차원 벡터공간'이라고 한다는 것이다. 이 공간은 두 평행하지 않은 기저벡터 $\vec{e_1}$, $\vec{e_2}$로 정해지는 것으로, 이 2차원 공간의 임의의 벡터는 모두 이 한 쌍의 기저벡터로 유일하게 나타낼 수 있다. 2차원 벡터공간에서 기저벡터 $\vec{e_1}$, $\vec{e_2}$의 길이가 1이고 서로 수직이라고 하면 기저벡터를 이용하여 임의의 벡터 $\vec{a}$를 나타내면 순서쌍 (x, y)와 일대일대응으로 이 실수는 벡터 $\vec{a}$의 좌표이다. 평면벡터를 좌표로 표시하면 벡터의 합, 차, 실수배 연산이 매우 쉽게 순서쌍으로 표현되고 간단하다.

3차원 벡터공간으로 확장하더라도 공간벡터기본정리는 공간에서 임의의 벡터는 3개의 평행하지 않은 평면의 기본벡터로 표현가능하다. 여기서 기본벡터는 바로 앞에서 언급한 기본단위이다.

MATH POINT

공간벡터분해정리 : 만약 평행하지 않은 세 벡터 $\vec{a}$, $\vec{b}$, $\vec{c}$가 있다면 공간의 임의의 벡터 $\vec{p}$에 대하여 $\vec{p}=x\vec{a}+y\vec{b}+z\vec{c}$를 만족하는 실수 x, y, z 구성되는 순서쌍 (x, y, z)가 유일하게 정해진다.

벡터의 이 세 개의 기본정리는 서로 다른 차원의 벡터공간의 임의의 벡터에 대해서 기본 벡터로 표시된다는 결론에 이른다. 서로 다른 차원의 벡터들은 모두 대수화, 좌표화가 가능하고 서로 다른 벡터 간의 대수 연산도 할 수 있다.

세 개의 기본정리는 우리가 수학지식에서 중요한 역할을 하는 기본단위(혹은 기본량)를 이해하도록 돕고 수학지식의 논리적 특징을 본질적으로 더 잘 이해하도록 한다.

수열문제를 이해할 때도 공리화적 사고를 할까?

수열을 공부할 때 함수적 사고로 수열을 이해하는 문제를 제외하면 우리는 공리화적 사고 관점에서 수열을 이해할 수 있다. 예로, 등차수열 $\{a_n\}$의 일반항 a_n은 첫째항 a_1과 공차 d로 정해진다. 등비수열 $\{a_n\}$의 일반항 a_n은 첫째항 a_1과 공비 r로 결정된다.

그러므로 등차수열 $\{a_n\}$과 등비수열 $\{a_n\}$의 문제는 곧 두 기본량, 즉 첫째항 a_1과 공차 d 또는 공비 r로 정해지는 것으로 등차수열 $\{a_n\}$의 일반항 a_n은 첫째항 a_1과 공차 d를 기본량으로 하고, 등비수열 $\{a_n\}$의 일반항 a_n은 첫째항 a_1과 공비 r을 기본량으로 한다고 말할 수 있다.

등차수열 $\{a_n\}$의 앞 n개 항의 합 S_n과 등비수열 $\{a_n\}$의 앞 n개 항의 합 S_n도 모두 수열로서, 이 수열도 첫째항 a_1과 공차 d 또는 첫째항 a_1과 공비 r로 결정된다. 수열문제를 공부하는 기본 방법은 우선 이 수열의 속성을 판단하는 것이다. 만약 등차수열 또는 등비수열이라면 바로 기본량 a_1과 d 또는 a_1과 r에 초점을 맞춘다. 만약 등차수열 또는 등비수열이 아니라면 등차수열 또는 등비수열 문제로, 즉 기본량으로 바꿔보는 것으로 결론에 이른다.

중고등학교 수학을 공부하면서 여러분은 공리화적 사고를 한 적이 있을까?

"7+5가 왜 12인가요?"라고 되묻는 과정에서 우리는 공리화적 사고가 모든 수학 공부에서 꼭 필요하다는 것을 알 수 있다. 수학을 공부하는 것은 우선 수학을 사고하는 방법을 이용하여 문제를 이해하는 것이다. 공리화적 사고는 우리가 수학지식을 이해하는 창을 활짝 열어준다.

기하학습에서 이런 기본단위(또는 기본량)의 사고는 핵심적인 역할을 한다. 예를 들어, 평면기하에서 점과 직선은 기하도형의 가장 기본이 되는 기하원소로, 이것은 다양한 기본도형(삼각형, 사각형 등)을 구성한다. 원도 기본도형으로, 이것과 직선형의 기본도형은 또한 더 복잡한 도형을 만든다.

기하입체에서 점, 선, 면과 같은 이런 기본원소를 제외하고 기본 기하입체(정사면체, 정육면체 등)도 복잡한 공간기하입체의 기초를 구성한다. 이것은 복잡한 공간기하입체를 공부하는 출발점이 된다.

이런 관점에서 중고등학교에서 배우는 모든 과정의 수학내용은 기본단위(또는 기본량) 사고 아래 그들 간의 공통적인 성질을 찾는 것으로 학교에서 배운 수학지식은 하나의 독특한 관점을 가지도록 한다.

당연하게도 이런 관점을 가지는 것이 공리화의 수학사고이다. 대수, 기하를 막론하고 기본단위(또는 기본량)는 공리화 체계에서 수학의 연역을 실현케 한다.

함수적 사고와 관점은 정말 쓸모가 있을까?

수학 공부와 함수적 사고를 같은 관점으로 봐도 좋을까?

나는 수학을 공부할 때의 사고와 관점이 함수의 한계를 뛰어넘을 수 있다고 생각한다. 수학 공부를 하며 함수 지식을 받아들이는 사고가 일어나고, 문제를 풀어나가는 방법을 이해하며, 더 높은 수준의 광범위한 사고와 관점에 이를 수 있다. 수학 공부와 함수적 사고는 결국 우리가 스스로 성장하고 살아가며 일할 수 있게 하는 매우 중요한 가치와 의의를 가진다는 점에서 그 관점이 같다.

실수 a에 대하여 $x>0$일 때, $\{(a-1)x-1\}(x^2-ax-1)\geq 0$이 성립한다면 a값은 얼마인지 구하여라.

분석

부등식 $\{(a-1)x-1\}(x^2-ax-1)\geq 0$을 어떻게 이해할까?

문제가 잘 이해되지 않거나 문제를 이해하는 습관이 아직 부족하다면 다음과 같은 방법으로 문제를 풀려고 할 것이다.

- 양수인지 음수인지(0을 포함하여)를 확인하고 x에 대한 부등식을 세운다.
- 계수를 분리한다. 미지수 a와 변수 x를 구별하여 부등식의 양변에 둔다.
- a에 대한 부등식으로 다시 정리한다. a에 대한 일원이차부등식 등을 얻을 수 있다.

위에서 언급한 방법으로는 a값을 구하는 것이 어렵다. 문제에서 연구대상이 없기 때문이다. 또 그다지 효과적인 문제 풀이 방법도 아니다.

부등식의 좌변은 변수 x와 미지수 a를 포함하고 있어 복잡하게 보인다. 그러나 x를 변수로 이해한다면 $x>0$은 함수 $f(x)=\{(a-1)x-1\}(x^2-ax-1)$에서 x값의 범위가 된다.

관점 1

$f(x)=\{(a-1)x-1\}(x^2-ax-1)$이라고 하자. $a-1\neq 0$으로 삼차

함수이다.(그렇지 않다면, 위로 볼록인 이차함수가 되어 "$x>0$일 때, $\{(a-1)x-1\}(x^2-ax-1)\geq 0$이 성립한다."는 조건을 만족하지 않는다.)

삼차함수의 변화 상태는 아래와 같이 일반적으로 두 가지로 설명된다.

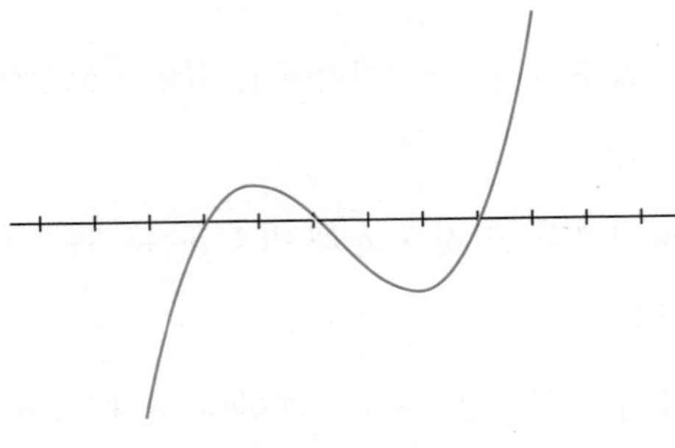

[그래프 1]

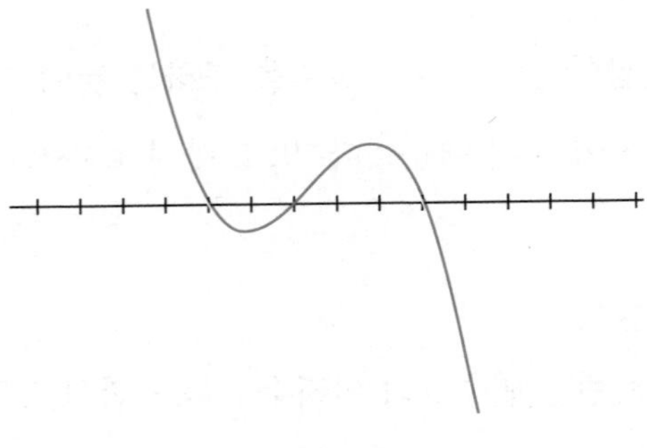

[그래프 2]

이 문제의 삼차함수는 어떤 상태일까?

"$x>0$일 때, $\{(a-1)x-1\}(x^2-ax-1)\geq 0$이 성립한다."는 조건

으로 함수 $y=f(x)$는 [그래프 1]처럼 그려진다는 것을 알 수 있다. 그렇지 않으면 [그래프 2]와 같이 그래프의 오른쪽 끝부분이 x축 아래에 그려진다. 그러므로 x^3의 계수는 0보다 크다. 따라서 $a-1>0$이다. 함수 $y=f(x)$는 일반적으로 세 개의 근을 가지므로 [그래프 1]로 그려진다.

$(a-1)x-1>0$에서 $x_1=\dfrac{1}{a-1}>0$이고 이것이 하나의 근이다.

$x^2-ax-1=0$에서 두 근을 얻을 수 있다. 두 근을 x_2, x_3이라고 하면 근과 계수와의 관계에 의해 $x_2x_3=-1$이고 하나는 양수, 다른 하나는 음수인 것을 알 수 있다. $x_2>0$라고 하면 x_2와 $x_1=\dfrac{1}{a-1}$은 어떤 관계가 있을까?

만약 $x_2 \neq x_1=\dfrac{1}{a-1}$이라면 그래프는 다음과 같다.

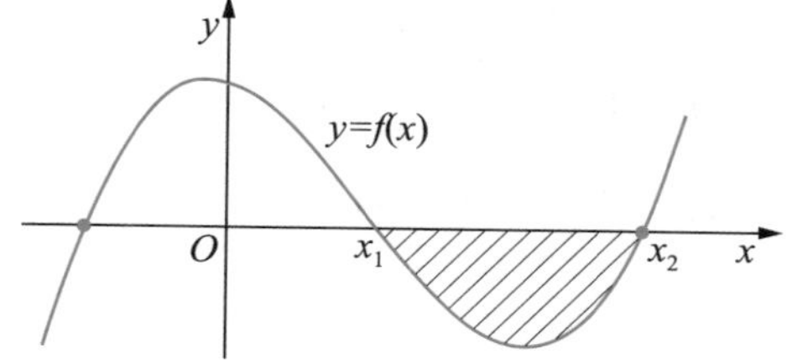

하지만 이 그래프는 분명히 "$x>0$일 때, $f(x)\geq 0$"에 부합하지 않는다. 따라서 $x_2=x_1=\dfrac{1}{a-1}$이어야 하고 그래프는 다음과 같다.

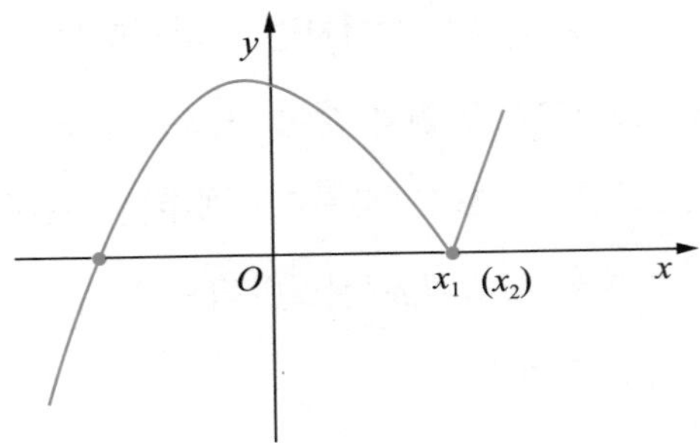

$x_2=\frac{1}{a-1}$을 $x^2-ax-1=0$에 대입하면 $a=\frac{3}{2}$을 얻는다.

관점 2

또 다른 방법은 부등식의 좌변을 두 개의 함수로 보는 것으로, 일차함수 $y_1=(a-1)x-1$(여기서 $a-1=0$이라면 문제의 뜻에 맞지 않다)과 이차함수 $y_2=x^2-ax-1$로 둔다. 두 함수 사이의 관계에서 $x=0$일 때, y값은 모두 -1로 두 함수는 점 (0, -1)을 공통으로 가진다. 그리고 $y_2=x^2-ax-1$은 부호가 서로 다른 영점을 가지고 아래로 볼록한 포물선으로 그려진다.

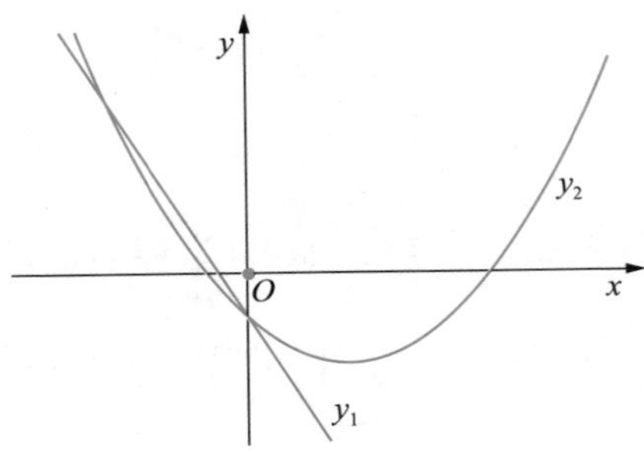

위의 그래프와 같이 $y_1=(a-1)x-1$ 그래프가 단조감소 상태라면 즉, $a-1<0$이고 이때, y_1, y_2의 부호가 항상 같지는 않으므로 $y_1y_2 \geq 0$을 만족하지 않는다.

이에 함수 y_1은 단조증가이다. $x>0$일 때, $y_1y_2 \geq 0$을 만족하려면 그래프는 다음과 같이 그려진다.

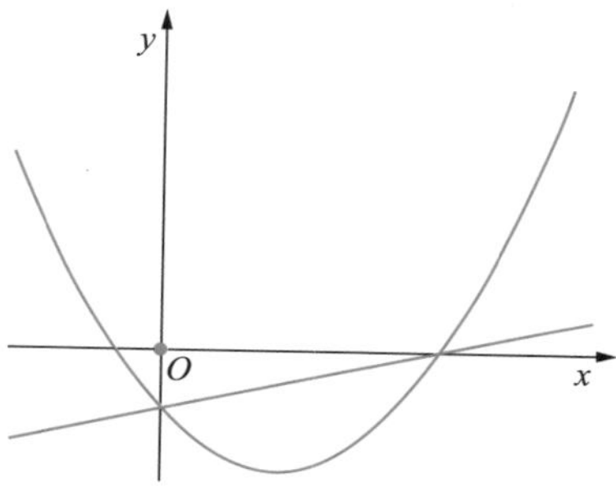

$y_1=0$일 때, $x=\dfrac{1}{a-1}$ 이므로 이를 $x^2-ax-1=0$에 대입하면 $a=\dfrac{3}{2}$을 얻는다.

MATH TALK

이 문제의 관건은 부등식 문제를 어떻게 푸느냐가 아니라 부등식 문제를 어떻게 함수 문제로 전환하느냐에 있다. 우리에게 익숙한 함수의 방법으로 문제를 푸는 것이다. 함수적 관점이라는 것은 바로 이렇게 함수적 사고와 방법을 이용하여 비함수적 수학 문제를 푸는 것이다.

> x에 대한 이차방정식 $(x-a)(x-b)=2\,(a<b)$의 두 실근 α, β에 대하여 $\alpha < \beta$일 때, α, β, a, b의 크기를 비교하여라.

분석

x에 대한 방정식 문제를 어떻게 함수 문제로 풀 수 있을까. 이것은 바로 함수의 관점으로 방정식 문제를 다루는 것이다.

$f(x)=(x-a)(x-b)-2$, $g(x)=(x-a)(x-b)$라고 하자.

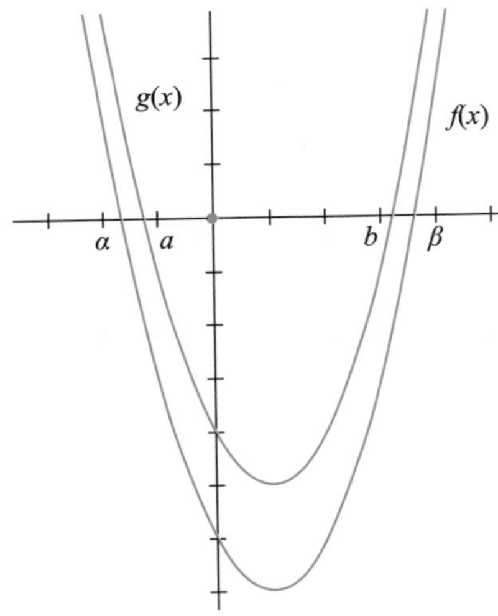

그래프와 같이 함수 $y=g(x)$는 $x=a$, $x=b$에서 x축과 만난다. 그리고 $y=f(x)$의 그래프는 $y=g(x)$의 그래프를 y축 아래 방향으로 2만큼 평행이동하여 얻을 수 있다.

주어진 조건 “x에 대한 이차방정식 $(x-a)(x-b)=2(a<b)$의 두 실근 α, β”로부터 $y=f(x)$와 x축과의 교점은 $(\alpha, 0)$, $(\beta, 0)$임을 알 수 있고 그래프에서 $\alpha<a<b<\beta$가 확인된다.

방정식의 양 변을 각각 함수 $y_1=(x-a)(x-b)$와 $y_2=2$로 볼 수도 있다. 두 함수의 교점의 x좌표는 α, β이므로 그래프로부터 $\alpha<a<b<\beta$임을 쉽게 알 수 있다.

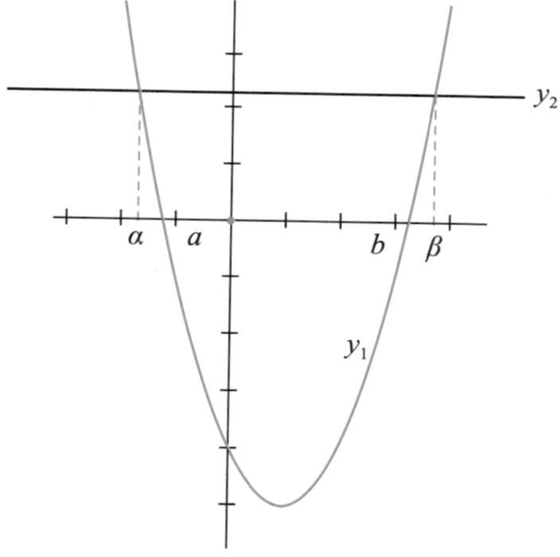

$a>1$에 대하여, 상수 c가 존재하여 임의의 $x\in[a, 2a]$에 대하여 $\log_a x+\log_a y=c$를 만족하는 $y\in[a, a^2]$이 항상 존재할 때, a값을 구하여라.

분석

이 문제를 정확하게 이해하려면 조건에서 x, y를 어떻게 보느냐가 중요하다. 실제로 "임의의 $x \in [a, 2a]$에 대하여 항상 $y \in [a, a^2]$이 존재한다."에서 x, y는 상호의존적인 두 변량으로, 이것은 함수관계일까? 그게 아니면 어떤 함수일까?

두 변량 사이의 구체적인 관계식을 찾아보도록 하자.

$\log_a x + \log_a y = c$에서 $y = \frac{a^c}{x}$을 얻는다. 이 식에서 x, y 사이의 반비례함수 관계를 알 수 있다. 그 중에서 $[a, 2a]$는 변수 x가 취하는 범위(정의역)이지만 $[a, a^2]$은 치역이 아니다. 치역은 함수의 정의역 $[a, 2a]$에 대응하는 함수식 $y = \frac{a^c}{x}$으로 결정된다.

$y = \frac{a^c}{x}$은 $[a, 2a]$에서 감소하는 함수이므로 $\frac{a^{c-1}}{2} \le y \le a^{c-1}$을 구할 수 있고 치역은 $\left[\frac{a^{c-1}}{2}, a^{c-1}\right]$이다. 조건 "임의의 $x \in [a, 2a]$에 대하여 항상 $y \in [a, a^2]$이 존재한다."를 만족하기 위해서 치역 $\left[\frac{a^{c-1}}{2}, a^{c-1}\right]$은 $[a, a^2]$의 부분집합이어야 한다.

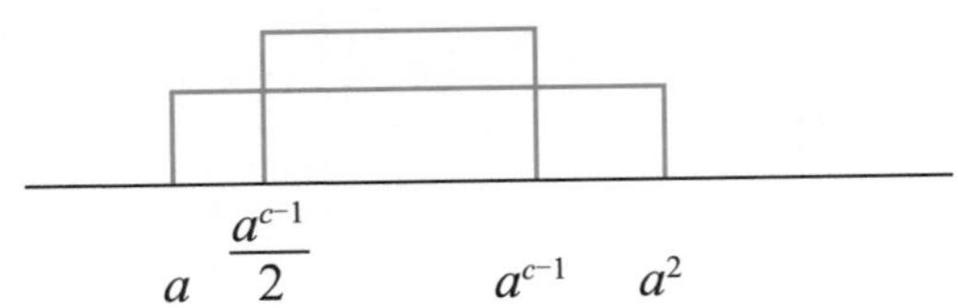

여기서 $2+\log_a 2 \le c \le 3$을 얻는다. 상수 c는 단 하나 존재하므로 $c=3$이고 $a=2$이다.

$x \in [-2, 1]$일 때, 부등식 $ax^3-x^2+4x+3 \ge 0$가 항상 성립한다. 이때, 실수 a값의 범위를 구하여라.

A. [-5, -3] B. $[-6, -\frac{9}{8}]$ C. [-6, -2] D. [-4, -3]

분석의 요점

- 이 문제 또한 함수 관점을 활용하는 좋은 예이다.
- 적합한 함수를 정하여 생각해 보자.
- 정의역으로 나눠 보자.

만약 직접 함수 $y=ax^3-x^2+4x+3$을 다룬다면,

$y'=3ax^3-2x+4$이므로 극값이 되는 x값을 구하기 힘들다.

부등식에서 두 개의 함수로 생각해 보면,

$ax^3 \ge x^2-4x-3$에서

① $x \in [-2, 0]$일 때, $a \le \dfrac{x^2-4x-3}{x^3}=f(x)$이므로

a는 $f(x)$의 최솟값이다.

$f(x)=\dfrac{1}{x}-\dfrac{4}{x^2}-\dfrac{3}{x^3}$, $f'(x)=\dfrac{-(x-9)(x+1)}{x^3}$이고 그래프는 다음과 같다.

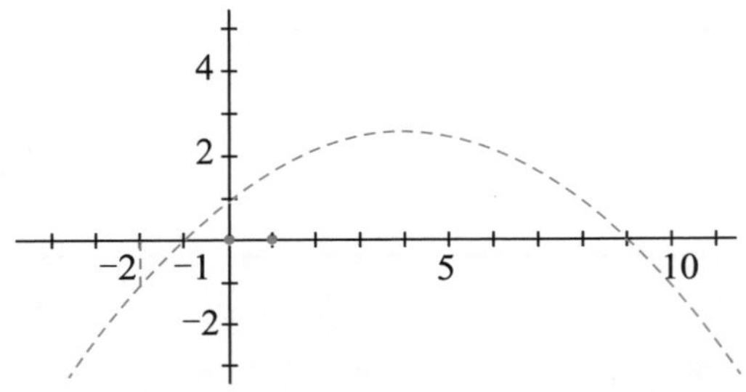

$f(x)$의 최솟값 $= f(-1) = -2$이므로 $a \le -2$이다.

② $x = 0$일 때, $0 \ge -3$이므로 a는 실수이다.

③ $x \in [0, 1]$일 때, $a \ge \dfrac{x^2-4x-3}{x^3} = g(x)$이므로 a는 $g(x)$의 최댓값이다.

도함수 $y = g'(x)$의 그래프는 $y = f'(x)$의 그래프와 같다.

이로써, $y = g(x)$는 $x \in [0, 1]$에서 단조증가함수이므로

$g(x)$의 최댓값 $= g(1) = -6$이다. 따라서 $a \ge -6$이다.

①, ②, ③에 의해서 실수 a값의 범위는 $[-6, -2]$이다.

MATH TALK

함수적 사고와 관점은 우리가 함수를 공부한 후에 함수 사고를 활용하여 부등식이나 방정식 문제를 이해하고 풀 수 있도록 한다. 함수적 사고와 관점이 없으면 세밀한 계산을 하기 어렵고 수학 문제에 대한 이해도 힘들다.

수학 공부는 수와 형태의 결합이다

"수와 형태는 본래 서로 의지하는 것인데, 어찌 양쪽으로 나눌 수 있겠는가? 수에 형태가 부족하면 직관이 적고 형태에 수가 적으면 세세하게 보기 어렵다. 수와 형태가 결합하면 모든 것이 좋으며, 둘을 떼어놓는 것은 좋지 않다. … 기하와 대수는 하나이다. 영원히 연결되며 분리되어서는 안 된다."

- 화라경의 〈벌집구조와 관련된 수학 문제를 논함〉 중에서

중국의 저명한 수학자 화라경 선생은 수학교육에 지대한 관심을 가졌다. 그가 남긴 유명한 명언 가운데에는 '수형결합'이라는 것이 있는데, 중국에는 매우 잘 알려져 있다. 어떤 학교의 어떤 교사든 이 수형결합을 모르는 사람은 없을 정도이다.

수학을 공부할 때 어떻게 이 수형결합을 활용하여 문제를 이

해할 수 있을까. 이것은 수학적 사고에서 중요한 것일까?

함수 $y=2x-1$의 성질을 어떻게 이해할까?

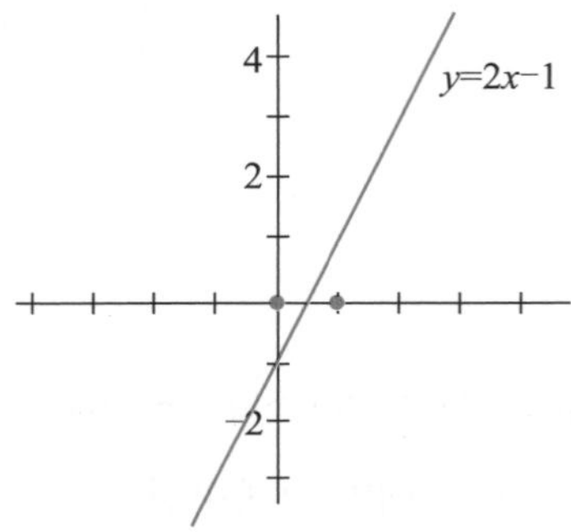

먼저 그래프를 그리고 일차함수를 관찰하자. $y=2x-1$은 오른쪽 위로 향하는 직선이다. 일차함수 $y=2x-1$은 x값이 증가함에 따라 y값도 증가한다.

곧 '수' 일차함수 $y=2x-1$이 '형' 직선 $y=2x-1$을 의미한다는 것을 보여준다.

그러나 이렇게 '수'가 '형'이 되는 것에 의문이 생기지는 않는가? 확실하지 않는 부분은 없을까? "오른쪽 위로 향하는 직선"은 왜 "x값이 증가함에 따라 y값도 증가한다."일까?

여기에 두 변량 x, y와 $y=2x-1$은 무슨 관계가 있을까?

MATH TALK

수학을 공부할 때는 의문을 가지고 끊임없이 질문을 던져야 한다. 쉽게 결론을 받아들여서는 안 된다.

일차함수 $y=2x-1$의 식에서 x값이 커질수록 y값도 커진다는 것을 알 수 있는데, 이것은 일차함수의 대수 특징에 대한 분석이다. '형'에 이르는 것은 이와 같다. 즉, 변량 x를 x축 위의 좌표로 생각하고 변량 y를 y축 위의 좌표로 보면, 좌표평면에서 점 (x, y)는 움직이는 점으로 x좌표가 커지면 y좌표도 커진다는 것이 분명하며 왼쪽에서 오른쪽으로 상승하는 직선이 된다는 것이다.

포물선 $y=mx^2-2mx+m-1$의 특징을 탐구해 보자.

※ 문제의 연구대상은 '수'이다. 포물선의 방정식도 이차함수로 나타나는 식이므로 기하 특징을 알아내야 한다.

이차함수 $y=mx^2-2mx+m-1$에 근거하면 다음과 같은 '형'의 기하 특징을 확인할 수 있다.

포물선은 위 또는 아래로 볼록하며 꼭짓점의 좌표는 (1, -1)로 포물선과 y축의 교점은 움직인다.

실제로, 이차함수 $y=mx^2-2mx+m-1$ 식을 대수적으로 분석해야 한다. 미지수 m이 정해지지 않았다는 것은 바로 알 수 있다. 주어진 식은 포물선이므로 $m>0$ 또는 $m<0$이다. 이런 이유로 위 또는 아래로 볼록한 포물선의 기하 특징을 가진다.

이차함수식을 $y=m(x-1)^2-1$로 나타내면 포물선의 꼭짓점은 (1, -1)이다. 식에서 $x=0$일 때, $y=m-1$이므로 대응하는 점은 y축 위의 동점 $(0, m-1)$이다.

MATH TALK

'수'에서 '형'은 한 걸음에 이를 수 없다. '수'에서 '수', 다시 '형'에 이르는데 중간과정에 '수'는 대수연구대상(첫 번째 '수')의 대수 특징에 대한 분석으로, '형'을 기하적 사고과정으로 얻는다.

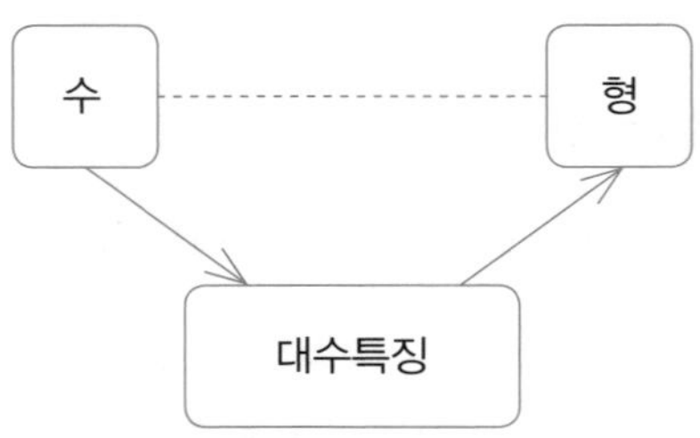

그렇다면 '형'으로부터 '수'를 어떻게 이해할까?

그림과 같이 $\triangle ABC$가 있다. $\overline{AD}\perp\overline{BC}$, $\overline{BE}\perp\overline{AC}$일 때, 이 삼각형에서 각 사이의 관계를 설명하여라.

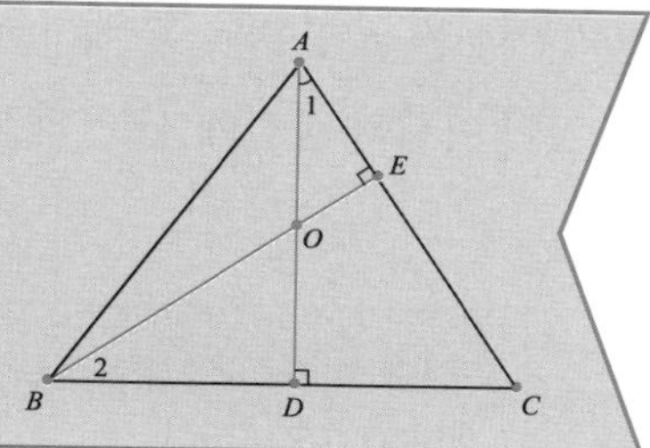

주어진 문제에서 $\angle 1=\angle 2$이다. 왜 $\angle 1=\angle 2$가 되냐고 의문을 가지는 사람도 있을 것이다.

직각삼각형 $\triangle AOE$와 직각삼각형 $\triangle BOD$에서 맞꼭지각인 이유로 서로 같다. 이것이 바로 '형'으로부터의 '수'를 말한다.

여러분이 생각하기에 빠진 것이 없을까? $\angle 1=\angle 2$를 얻기 전에 도형에 대한 이해과정은 무엇일까?

'형'은 삼각형 $\triangle ABC$로, 우선 이 도형을 어떻게 이해할 수 있는지에 대한 문제이다. 변 $\overline{BC}$ 위에 수선 $\overline{AD}$는 $\triangle ABC$를 두 부분 즉, $\triangle ABD$와 $\triangle ACD$로 나눈다. 변 $\overline{AC}$ 위에 수선 $\overline{BE}$도 $\triangle ABC$를 두 부분 즉, $\triangle ABE$와 $\triangle BCE$로 나눈다. 삼각형 $\triangle ABC$를 전체적으로 보면 두 수선에 의해 모두 네 부분 즉, 둔각삼각형 $\triangle ABO$, 직각삼각형 $\triangle AOE$와 직각삼각형 $\triangle BDO$ 그리고 사각형 $\square ODCE$로 나눠진다. 위 분석은 '형'의 기하 특징에 대한 이해로 대수적 수량 관계 $\angle 1=\angle 2$를 쉽게 얻을 수 있다.

이 예시의 분석으로 '형'에서 '수'에 이르는 것은 단번에 이뤄지는 것이 아니라 중간에 사고 과정을 거친다는 것을 알 수 있다.

미국 미주리주 세인트루이스 아치형 문은 거대한 포물형의 건축물이다. 세인트루이스의 랜드마크로서 워싱턴 기념비, 자유의 여신상, 이탈리아의 피사의 사탑보다 높다. 그림과 같이 아치형 문의 지면의 폭이 $200m$, 창문에서 지면에 이르는 거리는 $150m$, 두 창문 사이의 거리는 $100m$이다. 이때, 아치형 문의 최대 높이는 얼마인지 구하여라.

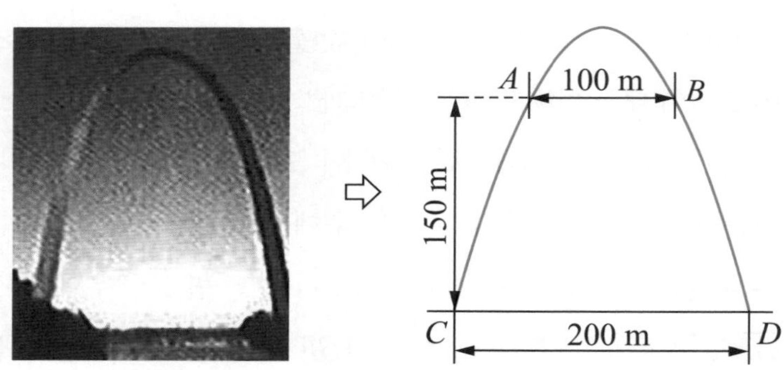

[사고1] 좌표평면에 어떻게 그릴까?

[사고2] 포물선을 나타내는 이차함수식을 어떻게 구할까?

이 문제는 실제의 예에서 포물선(당연히 이 건축물은 포물선 꼴로, 기본적으로 스테인리스로 연결된 건축물이다)으로 추상하여 좌표평면에 그려봄으로써 이차함수식을 얻을 수 있다. 이차함수의 성질로부터 아치형 문의 높이를 구한다.

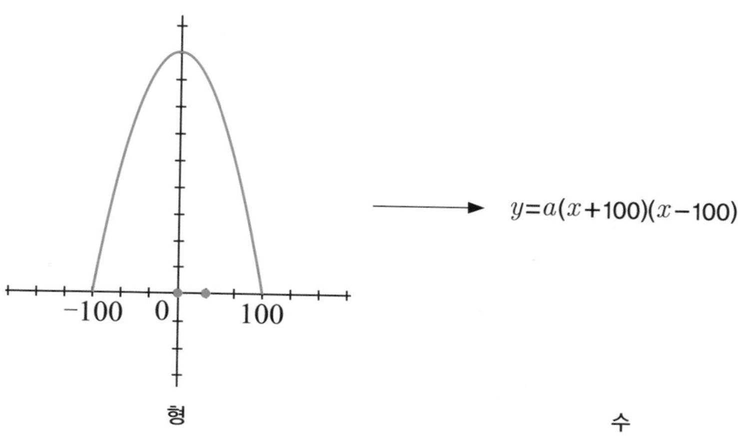

분석

이차함수식에서 변량 x, y 사이의 관계를 어떻게 이해할까?

좌표평면에서 포물선의 '형'은 동점운동으로 형성된 자취로 점 (x, y)의 운동이 변함에 따라 x좌표와 y좌표에 변화가 생긴다. 이 과정에서 우리는 x좌표의 변화가 y좌표의 변화를 야기하는 것으로 혹은 임의의 x좌표는 y값을 유일하게 결정한다는 것으로 이해할 수 있다. 그러면 y는 바로 x에 대한 함수가 된다. 위의 사고는 "어떻게 포물선을 이차함수로 나타낼까?"에 대한 문제를 잘 이해한 것이다.

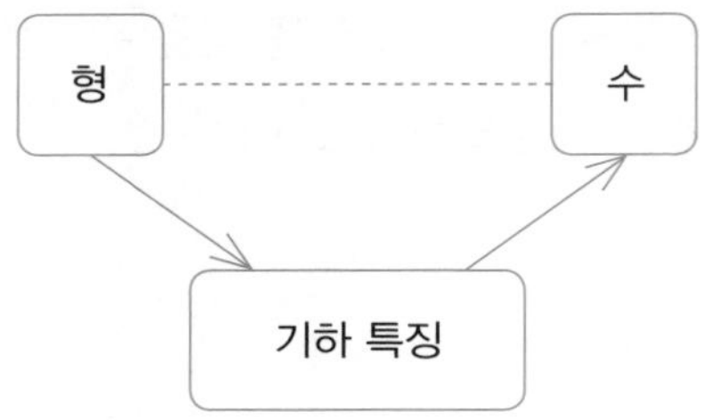

MATH TALK

수형결합은 우리가 수학 문제를 이해하고 연구할 때 활용해야 하는 중요한 수학사고이다. 만약 '수'에서 '형'까지 혹은 '형'에서 '수'까지를 '수형결합'이라고 여긴다면 이런 인식은 얕은 것이다. 사유의 수준이 '수'와 '형'의 관계를 심오하게 이해하지 못한 것이기 때문이다.

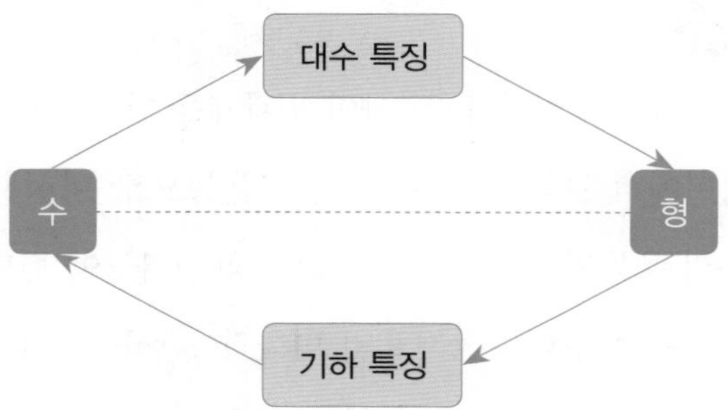